L'homme -chevreuil

Du même auteur

L'Homme-chevreuil, versions texte et illustrée, Les Arènes, 2021

Collection Proche
26, rue Jacob, 75006 Paris
Tél. : 01 42 17 47 80

Geoffroy Delorme

L'homme-chevreuil

Sept ans de vie sauvage

PROCHE

À Chévi, mon meilleur ami.
Tu m'as appris à voir, à sentir, à aimer,
à croire que tout était possible
et à devenir moi-même.

À Aurore

La nature est tout ce qu'on voit,
Tout ce qu'on veut, tout ce qu'on aime.
Tout ce qu'on sait, tout ce qu'on croit,
Tout ce que l'on sent en soi-même.

Elle est belle pour qui la voit,
Elle est bonne à celui qui l'aime,
Elle est juste quand on y croit
Et qu'on la respecte en soi-même.

Regarde le ciel, il te voit,
Embrasse la terre, elle t'aime.
La vérité c'est ce qu'on croit
En la nature c'est toi-même.

George Sand

Prologue

Homme ou femme ? Mes yeux ont perdu depuis longtemps la faculté de discerner ce genre de détail à plus de trente mètres. Il y a un animal qui gambade à ses côtés ? Ah non, pitié, pas un chien ! Il faut que je les arrête avant qu'il fasse fuir mes amis.

Comme eux, je suis devenu très territorial. Quiconque entre sur mon territoire est considéré comme un danger potentiel. J'ai l'impression que l'on viole mon intimité. Mon secteur fait un rayon de cinq kilomètres. Dès que je vois quelqu'un, je le suis, je l'épie, je me renseigne. S'il revient trop souvent, je vais tout faire pour le faire fuir.

Je sors du sous-bois, bien déterminé à stopper la progression du promeneur. Une odeur prononcée de violette très sucrée m'agresse les narines. Mon promeneur doit être une femme. Alors que je remonte le petit chemin forestier, je prends conscience que je n'ai plus adressé la parole à un être humain depuis des mois. Cela fait sept ans que je vis dans la forêt, que je ne communique qu'avec des animaux. Les premières années, je faisais des allers-retours entre la société humaine et le monde sauvage, mais avec le temps j'ai fini par définitivement tourner le dos à ce qu'ils appellent la « civilisation » pour rejoindre ma vraie famille : les chevreuils.

À mesure que je progresse sur le petit chemin forestier remontent en moi des sentiments que je croyais avoir complètement éliminés de mon existence. Quelle allure je dois avoir ? Mes cheveux ? Ça fait des années qu'ils n'ont pas vu un peigne et sont coupés « à l'aveugle » avec une petite paire de ciseaux de couture. Heureusement, je suis imberbe. C'est déjà ça. Mes vêtements ? Mon pantalon tout craquelé de terre pourrait tenir tout droit, comme une sculpture. Enfin, au moins il est sec aujourd'hui. Au début de l'aventure, il m'arrivait de chercher mon reflet dans un miroir de poche que je gardais dans une petite boîte ronde. Mais avec le temps, le froid, l'humidité, ce miroir s'est terni et, à vrai dire, je ne sais plus à quoi je ressemble.

C'est une femme. Il faut que je sois courtois pour ne pas l'apeurer. *Mais reste sur tes gardes, on ne sait jamais*. Par quel mot commencer ? « Bonjour » ; « bonjour », c'est bien. Non, plutôt « bonsoir ». C'est déjà la fin de la journée.

– Bonsoir...

– Bonsoir, monsieur.

1

Tout gamin, alors que je découvre bien au chaud dans la salle de classe du cours préparatoire de mon école les bases de ma future vie humaine – j'apprends à lire, à écrire, à compter et à me comporter en société –, je me laisse facilement aller à contempler par la fenêtre la noblesse du monde sauvage. J'observe les moineaux, les rouges-gorges, les mésanges, tout animal pouvant passer dans mon champ de vision, et j'apprécie la chance de ces petites créatures de pouvoir jouir d'une telle liberté. Moi, je suis enfermé dans cette pièce avec d'autres enfants qui apparemment s'y plaisent, alors que, du haut de mes six ans, j'aspire déjà à cette liberté. Je mesure évidemment à quel point la vie dehors doit être rude, mais l'observation de cette existence simple et sereine bien que dangereuse fait naître en moi un bourgeon de mutinerie contre une vision humaine dans laquelle j'ai déjà l'impression qu'on essaye de m'enfermer. Chaque jour que je passe devant cette fenêtre au fond de la classe m'éloigne un peu plus des valeurs dites « sociétales », alors que le monde sauvage m'attire vers lui aussi sûrement qu'un aimant sur une boussole.

À peine quelques mois après la rentrée, un événement apparemment banal va cristalliser ce bourgeon de rébellion. Un beau matin, j'apprends en arrivant en classe qu'une sortie piscine est prévue. D'un naturel un peu craintif, j'appréhende déjà. Arrivé devant le bassin, je suis tétanisé. C'est la première fois que je vois une telle quantité d'eau, et n'ayant jamais nagé de ma vie, une peur instinctive m'envahit. Tous les enfants semblent parfaitement à l'aise, alors que moi je serre les dents. La monitrice, une femme rousse au visage long et sévère, me demande de me mettre à l'eau. Je refuse. Son visage se crispe, le ton se durcit, elle m'ordonne de plonger. Je refuse à nouveau. Elle s'approche alors de moi tel un militaire au pas lourd, me prend par la main et me jette violemment dans la piscine. Je bois la tasse inévitablement et, ne sachant pas nager, je commence à couler. Entre deux gesticulations désespérées, je vois mon bourreau plonger dans ma direction. Je panique, je suis persuadé qu'elle va me tuer ! Mon instinct de survie me pousse à réaliser l'impensable. Tel un petit chien, je nage jusqu'au milieu de la piscine, plonge pour passer sous le filet de sécurité qui me sépare du grand bassin dans le but d'atteindre la rive opposée. Arrivé sur le bord, je grimpe à l'échelle et cours de toutes mes forces me réfugier dans les vestiaires. Je remets mon pantalon, mon T-shirt. Sortie de l'eau, la monitrice me cherche partout. Le bruit de ses pas sur le sol humide m'indique qu'elle remonte le petit couloir qui passe entre les cabines disposées de chaque côté. Je suis enfermé dans la troisième à gauche. Elle ouvre la première porte, qui se referme violemment. Mon cœur est au bord de la rupture. Elle ouvre la deuxième porte, qui se referme avec autant de violence. Un vacarme infernal qui me donne l'impression qu'elle défonce chaque porte devant laquelle elle se trouve. Pris de panique, je me mets à ramper de cabine en cabine, me glissant dans l'espace entre les parois et le sol. Arrivé au bout de la rangée, je profite d'une poignée de secondes durant lesquelles elle examine l'intérieur d'un box pour traverser de l'autre côté et me faufile discrètement jusqu'à la sortie. Enfin dehors, je dévale la rue en courant droit devant moi, le regard brouillé par les larmes et le chlore, jusqu'à ce qu'un monsieur au regard familier m'arrête et me demande de le suivre en me prenant par la main. C'est le chauffeur du bus. Il m'a vu sortir tout seul et il a eu la présence d'esprit de me suivre. Je lui explique en hoquetant ce qu'il se passe et pourquoi je ne veux plus jamais retourner à la piscine. Sa voix et ses mots me rassurent un peu. Ma petite épopée terminée et la maîtresse avertie de la fin de ma fugue, je me retrouve au fond du bus, seul, dévisagé par les professeurs autant que par mes petits camarades, tel un animal sauvage, dangereux, qu'il faut surveiller. À la suite de cet incident, décision est prise de me faire quitter l'établissement. Je poursuivrai ma scolarité à la maison grâce au Centre national d'éducation à distance (CNED).

Je me retrouve donc seul dans ma chambre, isolé du monde extérieur, sans copains ni professeurs. Heureusement, une grande bibliothèque s'offre à moi avec des trésors de littérature (Nicolas Vannier, Cousteau, Dian Fossey, Jane Goodall, etc.), dans lesquels sont racontées la nature, la vie sauvage. Je dévore également toutes les œuvres de vulgarisation scientifique (*La Nature jour après jour*, *La Loi du plus fort*, *Copain des bois*). Une mine d'informations précieuses que je tente d'appliquer à mon échelle, dans mon jardin. Un pommier, un prunus, un cerisier, des haies de berbéris, des cotonéasters, des pyracanthas, quelques rosiers, il y a tout autour de la maison familiale de quoi tromper l'ennui. L'entretien de toute cette végétation devient rapidement ma principale source d'évasion.

Un matin, je découvre que des merles ont fait leur nid dans la haie située en face de ma chambre. Dans mon cerveau d'enfant, cette découverte fait naître une injonction absolue : je dois veiller sur eux. Je commence à faire des rondes comme un gardien de parking autour de la haie pour éloigner les chats alléchés par l'odeur de la proie facile. À toute heure du jour ou de la nuit, dès que la surveillance des adultes se relâche, j'ouvre ma fenêtre et me glisse à l'extérieur, aussi discrètement qu'un félin, pour prendre des nouvelles de ma petite famille à plumes. À force de me voir, ils semblent s'habituer à moi. Je leur donne à manger, des miettes de pain, des vers de terre ou des insectes que je dépose dans une assiette. Les parents viennent les picorer et les apportent aux oisillons. Chaque jour qui passe, je gagne un peu plus leur confiance. Je peux désormais m'introduire dans la haie pour regarder piailler les bébés, la tête à vingt centimètres d'eux. Quand vient enfin le moment de quitter le nid, c'est le père qui sort en premier. Les petits sautent derrière lui, tombent par terre. La mère ferme la marche. Ils font le tour de la haie. Parfois, ils s'approchent de moi. J'ai l'impression qu'ils veulent faire les présentations. Mon cœur de petit garçon de neuf ans bat la chamade. C'est mon premier contact avec le monde sauvage et pour l'immortaliser je prends une photo des oisillons que j'envoie à ma correctrice du CNED, Mme Krieger.

À chaque promenade je pousse un peu plus loin mon exploration des alentours. Derrière la haie, il y a un grillage sous lequel un trou a été creusé, vraisemblablement par des renards. Je m'y faufile sans problème, à la découverte du champ voisin et des promesses d'aventure qui l'accompagnent. Les premières fois, dans la nuit à peine éclairée par la lune, la soif de liberté est toujours teintée de crainte, l'instinct brûlant du petit aventurier toujours bridé par la prudence du gentil petit garçon. Mais l'attrait irrésistible de la nature fait rapidement pencher la balance du côté de la vie sauvage. Et sur ce nouveau terrain de jeux, tous mes sens s'éveillent. Concentré sur ma marche, j'enregistre la topographie et la qualité du sol. Chaque soir, le toucher remplace la vue et mon corps apprend le terrain jusqu'à pouvoir l'arpenter les yeux fermés. C'est exactement le même processus de mémorisation que met en œuvre le corps lorsque l'on se lève dans le noir et que l'on sait exactement où se trouve l'interrupteur, sauf que dans ce cas-là je l'applique en pleine nature. Les odeurs changent également. Les orties, par exemple, sentent beaucoup plus fort la nuit. Même la terre n'exhale plus le même parfum. Et lorsque je renifle les effluves humides de la mare du Petit-Saint-Ouen, je sais que la balade est bientôt terminée. Si je pousse encore un peu, je tombe sur la maison du garde forestier. Et au-delà, c'est la forêt, l'inconnu. Les engoulevents tournoient au-dessus de ma tête, leur vol génère un curieux bourdonnement, rauque et monotone. Je n'ai plus peur. Je me sens bien.

Il y a au fond de moi un instinct de liberté qui me pousse à m'échapper dès que j'en ai l'occasion. Et une seule règle me semble digne d'être respectée, celle de la nature. Je ne casse jamais une branche ; même le bois mort, je n'y touche pas. Je m'invente des rituels toujours plus sophistiqués, à la limite de l'absurde. Je ne passe jamais à gauche des grands arbres, car j'ai l'inexplicable impression que les événements auxquels j'assiste sont plus marquants et plus nombreux lorsque je contourne les arbres par la droite. Ainsi je construis mon imaginaire, ma spiritualité, mon rapport à la nature, à la fois documenté, raisonné et empreint d'un mysticisme enfantin.

Forêt de pins. J'avais l'habitude de venir ici lorsqu'une tempête faisait rage. Les pins coupaient efficacement du vent et un microclimat s'y installait souvent. On pouvait gagner un à deux degrés. Les pommes de pin et les aiguilles tombées au sol me permettaient de démarrer facilement des feux.

Depuis quelque temps, un renard vient dormir sous un arbre touffu de notre jardin. Un soir d'hiver, je décide de le suivre à travers champs. Arrivé devant la maison du garde, je le vois poursuivre sa route au petit trot. Il est temps de plonger dans l'inconnu. Une centaine de mètres plus loin, en lisière de forêt, le jeune goupil me dévoile l'entrée de son terrier. Je ne m'étais encore jamais aventuré aussi loin de ma chambre. Le vent qui souffle toujours dans le même sens charrie toutes les odeurs en provenance du champ. La pénombre se fait soudain plus épaisse. Le son aussi change. Les bruits nouveaux deviennent innombrables, car la vie est là, au fond des bois. Je m'y enfonce de quelques dizaines de mètres, juste le temps de ressentir le petit frisson d'adrénaline que génère le mystère, avant de faire demi-tour. En réalité, il n'y a rien à craindre. Le danger ne vient jamais de la forêt. Les animaux le savent bien, c'est du champ qu'il faut se méfier. La forêt est fascinante, envoûtante. Je m'y aventure un peu plus loin chaque soir, toujours avec précaution comme pour ne pas la brusquer. Et une nuit je tombe nez à nez avec un cerf. Je les ai entendus bramer souvent à la fin de l'été, mais je n'ai jamais eu l'audace de m'approcher d'eux. Leurs mugissements rauques au milieu de la nuit étaient bien trop intimidants pour un petit garçon de dix ans. Aussi cette rencontre inattendue me pétrifie. Ce corps lourd à moins de dix mètres de moi, le sol qui vibre à chacun de ses pas, je suis subjugué par la puissance qui se dégage de cette créature. Mon rythme cardiaque doit être audible à des centaines de mètres à la ronde. Soudain, il se tourne vers moi et se met à râler d'une voix rauque. Autour de lui, les biches se mettent à répondre avec un timbre légèrement moins grave, quoique tout aussi puissant. Chaque grognement fait vibrer ma cage thoracique, comme les basses fréquences d'une chaîne hi-fi. Le cerf finit par faire demi-tour. Je fais de même, afin de lui montrer que je ne suis pas venu là pour lui. Et nous nous quittons ainsi, comme deux êtres dont les méandres de la forêt ont provoqué la rencontre. En me glissant silencieusement sous mes draps quelques instants plus tard, je réalise que ce cerf m'a donné la plus belle leçon de ma courte vie : les animaux ne me veulent aucun mal. J'ai déjà envie d'y retourner, mais il faut être patient. Le monde sauvage ne s'ouvre pas au premier venu.

Dès lors, sitôt la maison endormie, j'enjambe la fenêtre de ma chambre, me faufile derrière la haie aux merles, sous le grillage, et traverse le champ des engoulevents pour retrouver la pénombre des grands arbres et le fourmillement des animaux. Les renards qui les premiers m'ont guidé jusque-là me font découvrir leurs voisins de terriers : les blaireaux. Au-dessus de ma tête, je découvre les chouettes et les hiboux. Ah, s'il existe un animal glaçant dans les bois, c'est sans aucun doute le hibou. Un prédateur silencieux qui n'a peur de rien ni de personne. Dans le murmure permanent de la forêt, on ne l'entend pas voler et si l'on pique sa curiosité il n'hésite pas à s'approcher au plus près. La première fois que je croise la route d'un hibou, je suis encore ébranlé par les scènes dantesques du film *Jurassic Park*. L'animal, sans que je m'en aperçoive, vient se poser sur une branche à moins de deux mètres de moi. Soudain, sans prévenir, il lance son « houhou ». Je fais un bond en arrière, trébuchant sur une souche, pour me retrouver les quatre sabots en l'air, les yeux écarquillés, et le fessier dans la boue. La vie nocturne de la forêt est palpitante. De nombreux animaux accomplissent leurs tâches quotidiennes la nuit. Les petits comme les grands. Mais certains semblent ne jamais se reposer. C'est le cas des écureuils que je vois se promener dans mon jardin le jour et courir dans tous les sens la nuit. À quel moment trouvent-ils le temps de dormir ? La question m'obsède jusqu'à ce que je comprenne ma méprise. En feuilletant un livre bien illustré sur le monde sylvestre, je comprends que les petits rongeurs hyperactifs que j'observe la nuit ne sont pas des écureuils mais de jeunes loirs. Leur petite queue touffue m'induisait en erreur.

Tous ces éléments de mon enfance sont là comme pour me dire que la vie sauvage m'attend quelque part et que lorsque je serai délivré du carcan des contraintes humaines, la forêt sera là pour m'accueillir. Je crois si fermement à cette prophétie qu'il m'arrive de m'endormir les poings serrés très fort, priant pour que dans la nuit je me transforme en renard, capable au petit matin, lorsque la fenêtre de ma chambre s'ouvrira, de m'enfuir en trottinant vers cette immensité sylvestre qui me fait tant rêver. La réalité est beaucoup moins exaltante. Je vis quasiment seul, sans aucun ami ni camarade de classe, jamais de vacances ni de sorties scolaires, et en dehors de mes escapades nocturnes, je suis assis à mon bureau, à étudier par correspondance avec des professeurs à l'autre bout de la France, ou en train de faire de petits tours de vélo dans le jardin. Lors des rares sorties autorisées, par exemple pour faire les courses, il m'arrive de converser avec les différents commerçants qui me questionnent sur cette histoire d'école à la maison. À tous je réponds que la situation me convient parfaitement, car même si au fond de moi je sens qu'il y a quelque chose qui cloche, je n'ai aucun moyen de me comparer aux autres enfants.

La vérité, c'est que cette vie que l'on m'impose se transforme au fil du temps en calvaire moral. Si bien qu'à l'âge de seize ans, je prends la décision de passer non seulement mes nuits, mais aussi mes journées en forêt. Et j'atteins le paroxysme de cette rébellion le jour des épreuves du baccalauréat. Je décide de saborder le navire scolaire en jetant ma feuille de convocation dans un champ de maïs. Ces dernières années, je me suis découvert une passion pour l'illustration naturaliste, et j'aimerais m'orienter vers l'apprentissage du dessin. Seulement, on me demande de suivre des études en « action et communication commerciales ». Je ne comprends même pas le sens de ces mots. Finalement, de guerre lasse, j'accepte d'intégrer un cursus en « force de vente » avec comme lot de consolation un cours de photographie par correspondance. Ma passion pour la faune sauvage reste intacte et j'ai bien l'intention d'en faire quelque chose. Au fur et à mesure de mes sorties forestières, je prends conscience que les animaux sauvages reconnaissent mon odeur, mes différentes postures, mes attitudes. Ils m'acceptent dans leur environnement jusqu'à ce que je fasse en quelque sorte partie du décor. Cela me demande beaucoup de temps, je reste des jours et des semaines entières en forêt, prétextant un travail de photographie au long cours. Lorsque je rentre à la maison, on me dit que ce que je fais n'est pas un métier et que je ne peux pas vivre de cette activité. Mais l'argent n'est pas ma priorité. Je cherche une stabilité morale. Vivre le moment présent, à l'image des animaux de la forêt, me remet à ma vraie place dans l'ordre des choses. Les animaux me montrent que plus je pense et plus je suis happé par le sentiment de danger. Les problèmes de mon passé, ou ceux liés à l'incertitude de mon futur, ajoutés à cette volonté de garder la maîtrise du présent sans jamais lâcher prise, me détruisent à petit feu. Alors qu'observer la nature autour de moi en m'imprégnant du monde sauvage éveille mon esprit de mille façons et me rend plus lucide.

Depuis quelques mois, je n'ai plus conscience

du temps, des heures et des jours passés dans la forêt. Ma vie est plus intense et je ressens bien plus encore la joie, l'émerveillement et la sérénité. Je ne perds pas le sens des réalités pour autant. Afin de ne pas sombrer dans un dénuement morbide, je réalise quelques prestations en photographie sportive pour des gazettes locales, ce qui me permet d'acheter vêtements et nourriture. Évidemment, personne ne croit en moi et je n'ai aucun soutien moral. On cherche à m'appâter en me démontrant que la « meute » me protège et que je ne survivrai pas longtemps seul. Mais plus on cherche à me retenir, plus les liens s'effilochent. Et puis un jour, c'est la rupture. C'est décidé, je pars en forêt. Une fable de Jean de La Fontaine décrit assez précisément ce que je ressens à ce moment précis. Cette fable s'intitule « Le Loup et le Chien » et voici ce qu'elle raconte :

Un Loup n'avait que les os et la peau,
Tant les Chiens faisaient bonne garde.
Ce Loup rencontre un Dogue aussi puissant
que beau,
Gras, poli, qui s'était fourvoyé par mégarde.
L'attaquer, le mettre en quartiers,
Sire Loup l'eût fait volontiers ;
Mais il fallait livrer bataille
Et le Mâtin était de taille
À se défendre hardiment.
Le Loup donc l'aborde humblement,
Entre en propos, et lui fait compliment

Sur son embonpoint, qu'il admire.
Il ne tiendra qu'à vous, beau sire,
D'être aussi gras que moi, lui repartit le Chien.
Quittez les bois, vous ferez bien :
Vos pareils y sont misérables,
Cancres, hères, et pauvres diables,
Dont la condition est de mourir de faim.
Car quoi ? Rien d'assuré : point de franche lippée.
Tout à la pointe de l'épée.
Suivez-moi ; vous aurez un bien meilleur destin.
Le Loup reprit : Que me faudra-t-il faire ?
– Presque rien, dit le Chien ; donner la chasse aux gens
Portants bâtons, et mendiants ;
Flatter ceux du logis, à son maître complaire :
Moyennant quoi votre salaire
Sera force reliefs de toutes les façons :
Os de poulets, os de pigeons,
Sans parler de mainte caresse.
Le Loup déjà se forge une félicité
Qui le fait pleurer de tendresse.
Chemin faisant il vit le col du Chien, pelé :
Qu'est-ce là ? lui dit-il. – Rien. – Quoi ? rien ? – Peu de chose.
– Mais encor ? – Le collier dont je suis attaché
De ce que vous voyez est peut-être la cause.
– Attaché ? dit le Loup : vous ne courez donc pas
Où vous voulez ? – Pas toujours ; mais qu'importe ?
– Il importe si bien, que de tous vos repas
Je ne veux en aucune sorte,

Et ne voudrais pas même à ce prix un trésor.
Cela dit, maître Loup s'enfuit, et court encor.

Je suis d'accord avec La Fontaine, mieux vaut être pauvre et libre que riche et contraint.

2

Mon expédition dans le royaume sylvestre commence au mois d'avril et je décide de manger, à chaque fois que cela est possible, des produits locaux, en suivant un régime omnivore à tendance végétarienne. Il est inconcevable pour moi de vivre dans un environnement en me nourrissant des animaux sauvages qui l'habitent. Mes valeurs humaines ne me quittent pas et je suis sensible au respect des autres même si j'admets que la nature regorge de prédateurs qui n'ont d'autre choix que de tuer pour se nourrir et survivre. Pour trouver à manger en forêt, il faut avant tout que je me crée un territoire qui concentre nourriture et protection. J'ambitionne donc dans un premier temps de reproduire l'organisation des écureuils. Avec les économies que j'ai réalisées grâce à mon travail photographique, j'achète des boîtes de conserve, de l'eau potable et tout un tas d'outils dont j'ai l'impression d'avoir besoin pour survivre dans un milieu, soyons honnêtes, plutôt hostile. Je cache le tout au pied d'un arbre, dans un entrelacs de racines dont je pense être le seul à connaître l'existence, sous un amas de branches et de feuilles mortes. Hélas, quelques jours plus tard, les sangliers découvrent mon trésor et s'en délectent. Toutes les boîtes de conserve éventrées par leurs sabots affûtés comme des lames de rasoir. Ma fortune, écrasée, éparpillée, dilapidée. Rien ne résiste au puissant piétinement de la harde, qui ne laisse derrière elle qu'un tas de débris comme pour me dire : « Non mais tu te crois où ? » Je m'en émeus évidemment quelques minutes et puis il faut bien relativiser. La nature a de drôles de façons de nous remettre à notre place lorsque cela est nécessaire. Désormais, pour protéger mes maigres possessions des voraces et des curieux, j'enterrerai mes petits paquets dans les vieux trous de braconniers. Ces cavités creusées sur environ quatre-vingts centimètres de large et deux mètres de profondeur servaient autrefois à capturer renards et blaireaux. Il me suffira de retirer les pieux assassins au fond et de recouvrir en surface avec du bois bien solide pour éviter qu'un promeneur tombe dedans.

Cette anecdote me fait prendre conscience par ailleurs qu'aller faire des courses pour les rapporter ensuite au fond des bois avec mon sac à dos de cinquante litres représente une source de fatigue franchement démesurée. Et la fatigue, lorsqu'on vit dehors, c'est un paramètre à ne pas négliger. En fait, pour survivre, la stratégie la plus efficace consiste à consommer le plus possible ce que j'ai à ma disposition. Des feuilles de ronce, de bouleau, de charme,

Bataille de pommes de pin. Les écureuils sont taquins et territoriaux. Ils n'hésitaient pas à me jeter des pommes de pin et tout matériau à portée de patte pour me faire déguerpir quand j'étais couché au pied de leur arbre.

des baies, des fruits « secs », comme les châtaignes, les faines, les akènes ou les noisettes, et aussi du plantain, des dents-de-lion, du rumex et énormément d'autres plantes plus ou moins bonnes au goût mais formidablement riches en nutriments. À partir de maintenant, les aliments extérieurs ne me serviront qu'en cas de disette. Ils deviennent même un moment de fête lorsque je les ressors ; même la plus vulgaire boîte de raviolis !

Reste une dernière source de réjouissance gastronomique, la nourriture que les chasseurs déposent au pied des arbres pour engraisser les sangliers. À moi les pastèques, courgettes, tomates et autres fruits ou légumes, du pain aussi, pas salé, mais du pain quand même. C'est en suivant les animaux, sangliers, renards, blaireaux, que je découvre ce chapardage. Ce sont eux qui ont l'expérience, ce sont donc eux qui me montrent la voie et chaque jour qui passe je me rapproche un peu plus d'eux, je deviens un peu plus sauvage. Je fais sans le savoir de l'éthologie pour, petit à petit, devenir l'hôte de la forêt. Les sangliers, les cerfs et les biches, les renards que je croise m'acceptent de plus en plus sur leur territoire tout en gardant leurs distances. Au bout de quelques mois, j'ai l'impression de m'être fondu dans le décor le plus merveilleux qui soit, celui du monde sylvestre. C'est à ce moment-là que je fais la connaissance d'un être énigmatique, fascinant, celui qui va tout simplement m'ouvrir les yeux sur la vie sauvage : le chevreuil.

Un beau matin, alors que je glane quelques feuilles à grignoter sur le bord d'un chemin, un chevreuil, que je finirai par nommer Daguet, croise ma route et s'arrête net, à quelques pas. Tout doucement, je m'accroupis. Je suis fasciné par ses grands yeux noirs et brillants. Il redresse la tête et pointe ses oreilles dans ma direction. Les poils de son miroir sont hérissés. Nous nous fixons l'un l'autre quelques minutes qui me paraissent durer des heures. Il regarde sur le côté comme pour m'inviter à découvrir la forêt avec lui. Il se détourne lentement, avec élégance et s'enfonce dans le taillis. Je viens d'être touché par quelque chose de plus fort que moi. J'ai senti l'Appel de la forêt. J'en ai les jambes coupées et la respiration courte. Il est temps pour moi de quitter le monde des hommes, pour vivre parmi les chevreuils et mieux les comprendre.

3

Je mange dans un roncier qui me fournit quantité de petites feuilles un peu fades mais très nourrissantes. Je savoure ma salade depuis trois quarts d'heure quand j'aperçois la frimousse de Daguet qui sort du hallier devant moi. Au lieu de partir en courant comme le ferait n'importe quel chevreuil, Daguet choisit de rester pour m'observer. Je me dis qu'il doit être là depuis un moment, car je ne l'ai pas vu venir. Au bout de quelques minutes, je sors de mon roncier pour aller me reposer et fais mine d'ignorer sa présence. Il me regarde partir et la journée continue. Le soir, je profite de la fraîcheur du couchant pour boulotter quelques feuilles d'achillée millefeuille dans la clairière. Je tombe à nouveau sur Daguet qui, l'air de rien, me suit partout. Sa curiosité me surprend, il semble bien décidé à en apprendre plus sur ce nouveau venu qui s'est invité chez lui. Et de jour en jour, notre relation grandit au gré de nos rencontres sur notre territoire commun.

Aujourd'hui, je vais essayer de marcher derrière lui. Alors qu'un vent frais du nord souffle sur la canopée encore dépouillée de ses feuilles, Daguet rumine couché au pied d'un arbre. Je m'approche doucement de lui en glanant çà et là quelques feuilles. Je me cache derrière chaque arbre à portée pour ne pas me faire remarquer. Je recommence l'opération plusieurs fois, il ne bouge pas. J'ai vraisemblablement développé un formidable talent en approche furtive. À moins qu'il feigne de ne pas me voir. Pour en avoir le cœur net, je me décale à gauche de l'arbre derrière lequel je me suis réfugié, afin de me placer dans un couloir visuel dans lequel il ne pourra pas me rater, puis j'approche doucement, à moitié accroupi. Il me regarde calmement. C'est à peine croyable. Depuis le début ce coquin se joue de moi en me laissant avancer d'arbre en arbre comme un idiot. Quand j'arrive à une dizaine de mètres, Daguet se lève, s'étire. Je m'arrête. Il m'observe. Et nous restons plantés là pendant une bonne demi-heure. Un moment absolument magique. Sa seule présence me nourrit. J'ai une sensation de communion totale avec lui et tous les éléments qui nous entourent. Daguet m'a intégré à son environnement, et je suis le premier à accéder à un tel privilège. Mon cœur et mon âme sont en paix. Mon cerveau est à l'arrêt. À ce moment précis, mon existence dans son ensemble n'est régie que par une loi, une seule : le respect. Au bout de quelques minutes, une première pensée m'envahit : pourvu que l'on ne soit pas dérangés par d'autres humains. Ce serait terrible s'il m'associait à eux. Les Indiens d'Amérique racontent que lorsqu'on chasse le chevreuil, il ne faut pas trop penser à lui, car l'animal sentira les pensées et prendra la fuite. Ça me semble tout à fait logique. Les pensées se transforment en humeur et les humeurs en odeurs. Je m'efforce donc d'avoir des pensées positives, dans l'espoir de faire durer ce dialogue silencieux avec Daguet.

Au bout d'un moment, mes jambes s'engourdissent, et je ne sais plus trop quoi faire quand il se met enfin à avancer. Je marche doucement derrière lui, à une dizaine de mètres, toujours accroupi. Ses oreilles sont braquées vers l'arrière, dans ma direction, et analysent le moindre faux pas. Les feuilles séchées au sol craquent sous mon poids et le font sursauter quelques fois. Il part en sautillant puis s'arrête, se retourne et m'attend. Je trouve cela très exaltant. Je suis en train de vivre un moment unique avec un animal sauvage qui essaye de m'apprivoiser. Je me redresse et j'imagine l'effort qu'il doit faire pour résister à sa peur instinctive de l'Homme, ne pas partir à cent kilomètres-heure en voyant cette masse d'un mètre soixante-quinze qui se dresse devant lui. Soudain, un aboiement de chevreuil assez lointain se fait entendre. C'est sûrement Sipointe, un autre chevreuil que je croise régulièrement et qui, lui aussi, est intrigué par ma présence. À cet aboiement, Daguet réagit immédiatement et part en courant dans sa direction à une vitesse tellement incroyable

Daguet. Il est le tout premier chevreuil qui m'a fait confiance. C'est lui qui m'a ouvert les portes de la forêt. Cette parcelle de forêt constituait une grande partie du territoire de Daguet. Elle est traversée aujourd'hui par un contournement routier.

que je me retrouve tout seul comme un âne au beau milieu de la chênaie.

Partager la vie des chevreuils se fait au prix d'un certain nombre de renoncements. D'une manière générale, il faut faire une croix sur tous les codes humains de la vie en société, comme dire « au revoir » quand on s'en va. Il faut également renoncer à certaines conventions telles que manger à heure fixe ou dormir la nuit. Avec Daguet je découvre la complexité de la vie nocturne en forêt, et j'essaye de m'y intégrer dans toute la mesure du possible. Mais la fatigue me gagne déjà ! Je voudrais faire des nuits complètes pour récupérer, mais je suis réveillé beaucoup trop souvent et je peine à me rendormir. Les chouettes qui hululent, les renards qui hurlent, et surtout les sangliers, tous ces animaux font un vacarme ahurissant. Ça grince, ça crie, ça grogne et ça court dans tous les sens. Les marcassins de l'année passée, en jouant, viennent me toucher du bout du groin, puis repartent aussitôt en courant. Mais le pire ennemi du sommeil, c'est le froid. Je tombe plusieurs fois en hypothermie. Et à chaque fois c'est pareil. Je m'endors, je commence à rêver, et soudain je me réveille tout engourdi, avec l'envie de vomir. Au bout de quelques semaines, le manque de sommeil me provoque des hallucinations. J'entends des voix, je vois des silhouettes, parfois j'ai même l'impression de voler. Franchement je suis rincé ! J'ai les nerfs en pelote, mes épaules sont lourdes et ma tête pèse au moins une tonne. Pire encore, maintenant je vois flou ! Et je commence à remettre sérieusement en question l'issue de mon aventure.

Le problème, c'est que je ne me repose jamais. Dans la journée, je cherche ma nourriture et je construis mes petits abris pour me protéger de la pluie, ce qui me prend un temps fou. Le problème d'un abri, c'est que c'est rapidement envahi par les insectes, il faut donc le refaire tous les jours. Un matin, je remets tout à plat. Si je veux survivre, je dois adopter une stratégie différente, une organisation de vie plus efficace. C'est le printemps, il me reste deux saisons pour m'adapter avant que l'hiver n'arrive, sinon l'expédition s'arrêtera là. Il y a forcément quelque chose qui m'échappe ou que je fais mal. C'est en observant Daguet que je trouve mes réponses. Chez les chevreuils, le repos se fait par cycles courts dans la journée tout comme la nuit ; une à deux heures en moyenne en fonction du temps qu'il fait. Je décide de calquer mon rythme de vie sur celui de mon compagnon d'aventure. Lorsqu'il se lève, c'est pour ingurgiter une quantité impressionnante de végétaux, aller se recoucher, ruminer (n'ayant qu'un seul estomac, je médite), pour dormir de nouveau. Le reste du temps est réservé aux jeux, à la survie, à la reproduction ou au marquage de territoire en fonction de chaque saison. Finalement, c'est en observant mes amis chevreuils que j'ai appris qu'il n'était pas obligatoire de dormir la nuit. À condition de se reposer de temps en temps. Pour cela je m'accroupis, de préférence dans un endroit sec, la main droite sur le genou gauche et la gauche sur le genou droit, la tête entre les bras. Au bout d'un moment la salive s'accumule dans la bouche et ça me réveille. Ainsi, mon corps n'a pas le temps de tomber en hypothermie. Et pour compenser, comme Daguet, je dors la journée, avec des plages de sommeil d'environ deux heures. Ça me laisse le temps de me nourrir, et surtout de constituer des réserves de bois un petit peu partout dans la forêt, car il est capital de pouvoir faire du feu n'importe où et à n'importe quelle heure de la nuit sans avoir à chercher du bois. Et voilà comment je finis par comprendre que la nuit dans la forêt est bien plus productive que le jour. L'avantage de la nuit – les animaux l'ont bien compris –, c'est que l'on n'est plus visible, donc moins en danger. On peut donc relâcher sa vigilance et se promener librement.

Au petit matin, les sensations que j'éprouve à voir le soleil se lever sur la prairie, iriser la brume et les herbes folles encore givrées, aux côtés de mon ravissant ami chevreuil, sont irremplaçables. Je vis mon rêve. Et il m'est impossible de revenir en arrière. Un nouvel homme en moi est en train de naître et ce nouvel homme a choisi le chemin de la liberté. Daguet m'accueille dans son intimité et, au fur et à mesure que je m'intègre à son mode de vie, je découvre un frère chevreuil qui devient très vite pour moi ma vraie famille.

4

Plus jamais je ne remettrai en question la tournure que mon existence a prise depuis le jour où j'ai décidé de vivre en forêt ; j'ai choisi l'unique parcours possible, mû par la même force qui dès le plus jeune âge m'a poussé vers le royaume sylvestre. Cette aventure, je ne souhaite pas la vivre nu, à la manière de Robinson Crusoé dans le chef-d'œuvre de Michel Tournier, à taper sur des cailloux pour faire du feu en faisant fi de toute technologie moderne. Néanmoins, cette drôle d'expédition exige une certaine rigueur, car mes copains des bois deviennent vite nerveux. Je dois maintenir leur confiance, ne pas céder trop souvent à la tentation de revenir vers le monde humain pour me reposer et souffler quelques jours. C'est une volonté permanente, malgré le froid, les caprices de la météo ou la faim qui me tenaille. La vie de mes petits protégés passe avant la mienne, et de mon état d'esprit dépendra leur volonté de continuer l'aventure avec moi. Je limite donc l'entrée du monde moderne dans la forêt pour n'en garder que le strict nécessaire. D'abord, des vêtements de rechange pour lutter contre le froid : deux pantalons en toile et une paire de jeans, des sous-pantalons en alpaga, des T-shirts en lin ou en chanvre, des pulls en laine vierge et deux bonnets de marin. J'ai depuis longtemps abandonné le coton, qui semble impossible à faire sécher. Pour éviter qu'ils pourrissent, ces vêtements sont conservés dans des sacs hermétiques, à l'intérieur d'un sac à dos, le tout enterré dans un coin stratégique de la forêt. Pour la cuisine, je me contente d'une petite poêle en aluminium et d'une casserole pour faire bouillir de l'eau. J'ai aussi un couteau de survie pour couper, creuser, tailler, peler, élaguer. Un chargeur solaire pour mon appareil photo, ainsi qu'un briquet et ma carte d'identité que je conserve dans un coffret en métal rond, sous le couvercle duquel se situe un petit miroir. C'est très utile, un miroir, notamment pour diagnostiquer une piqûre d'insecte mal placée sous le pied ou dans le dos.

Je sais que je vis à l'ère de la maille polaire et du tout-plastique, dans une société qui se drogue à la surconsommation de tout et à toute heure, qui voue un véritable culte au gaspillage ainsi qu'à l'inutile, un système qui annihile les valeurs et l'honneur des personnes, même des plus respectables, basé sur une économie qui menace de s'effondrer à tout moment. Alors évidemment, je trouve cela rassurant de savoir quoi manger dans la forêt, comment faire un feu en hiver, sous la pluie ou le vent, construire un abri et tout ce qui peut être nécessaire à ma survie en pleine nature sauvage.

Mais attention, l'autonomie totale est un objectif que l'on n'atteint qu'au terme d'une très longue transition. Cela ne s'improvise pas. La plus grande difficulté consiste à traverser l'hiver, saison délicate durant laquelle il y a moins à manger. Il faut donc apprendre à stocker. On démarre par la cueillette des plantes au printemps. Pour les faire sécher, après plusieurs échecs (attaques d'insectes, pourriture et autres champignons indésirables), je développe une technique presque infaillible, usant de filets à provisions accrochés à une branche le jour pour profiter du soleil, et de Ziploc pour éviter l'humidité la nuit. Ortie, menthe, origan, lamier, reine-des-prés, achillée millefeuille, angélique... Il faut aussi, bien entendu, respecter la période d'apprentissage incompressible et indispensable si l'on veut pouvoir à coup sûr différencier les plantes comestibles de celles qui sont toxiques, et connaître l'apport énergétique de chacune. L'angélique par exemple, personne n'en cueille. Et pour cause, elle ressemble à s'y méprendre à la ciguë, célèbre plante utilisée par les Athéniens pour fabriquer le poison officiel des condamnés à mort. Une létalité dont le grand Socrate s'est chargé d'assurer la publicité à travers les siècles. Il en va de même avec l'ail des ours, une plante délicieuse, riche en minéraux, mais que l'on peut facilement confondre avec le colchique. Le problème avec le colchique, c'est qu'on peut en manger et s'endormir

Gourmet. Contrairement aux cerfs et aux biches, qui « broutent » l'herbe à faible valeur nutritive en grande quantité, les chevreuils sélectionnent leur nourriture avec précision, à la recherche de certains tanins présents dans les plantes, nécessaires à leur santé.

comme un bébé. Les effets toxiques n'interviennent qu'au bout de quelques jours, lorsque le sournois s'est déjà bien attaqué à votre foie, qui finira inévitablement par exploser. Gare aux abus également. L'oseille, par exemple, est une plante très forte en goût, agréable à mâcher, mais en grande quantité, la digestion s'avère franchement douloureuse. Après les sels minéraux, il faut penser aux protéines. L'entrée dans l'automne sonne l'heure de la récolte des châtaignes, des noisettes, des glands, de tous les fruits à coque nécessaires à un régime alimentaire équilibré mais sans protéines d'origine animale. Là, le stockage est plus simple. Comme un petit écureuil, je les conserve dans une cavité rocheuse ou bien au creux d'un arbre. Enfin reste l'épineuse question des vitamines. La source principale se trouve dans les fruits que l'on cueille entre le printemps et l'été. Seulement, il est impensable de conserver les fruits sans un processus de stérilisation auquel je n'ai pas accès. La seule solution consiste à habituer mon corps à stocker la vitamine C pour passer l'hiver, exactement comme le font les animaux. La démarche peut paraître extrême. Je vais pourtant l'éprouver pendant de longues années. Pour résumer, en admettant que l'on a bien dosé son stock de nourriture, que l'on n'a pas trop d'accidents de parcours, et qu'on a un organisme particulièrement tolérant, on peut envisager d'atteindre l'autonomie alimentaire au bout d'un an.

Dans les faits, ma consommation de nourriture

industrielle diminue progressivement, à mesure qu'elle est compensée par la cueillette. Je découvre l'épilobe à petites fleurs dont la racine est comestible, et qu'on appelait autrefois le « guérit-tout ». On le déterre avec un couteau et on le mange cru. Il y a aussi les racines d'ortie, les radicelles de ronce, les carottes sauvages. On ne va pas se raconter d'histoires, dans un premier temps tout cela est franchement répugnant. Passer d'un univers gastronomique où tout est saturé de sucre et de sel à un régime amer et âcre n'a rien d'évident. Toutes ces plantes, ces racines sont bonnes pour la santé, mais il faut faire son deuil de toute satisfaction gustative. Le lamier rouge, par exemple, une plante dont la concentration en protéines et oligo-éléments est essentielle à la survie en forêt, eh bien, au goût, c'est comparable à une cuillerée de compost. Plus étonnant encore, la consoude, autre plante riche en protéines, a un léger goût de sole ! Heureusement, tout n'est pas mauvais. Au bout de quelques mois, lorsqu'on a perdu le goût sucré des corn-flakes, certains mets naturels comme la fleur de trèfle ou la sève de bouleau révèlent des notes sucrées fort agréables.

Pour passer l'hiver, il faut lutter contre la faim mais aussi contre le froid. Et dans ce combat-là je privilégie les matières naturelles qui ont fait leurs preuves. La laine de mouton d'abord, pour me protéger des températures les plus basses comme des intempéries. Seule la laine permet de rester au chaud même lorsqu'elle est mouillée. Par ailleurs, je multiplie les couches de pulls de tailles et de tricots différents. Le pull le plus fin au tricot épais à mailles serrées contre ma peau pour me réchauffer imite un peu la bourre que les chevreuils ont sur eux. Un deuxième pull de taille moyenne pardessus afin d'emprisonner la chaleur mais qui n'empêche pas le vent de circuler pour renouveler l'air. Le troisième pull est en grosse laine. Il permet de faire rempart à l'humidité et au gel. Lorsqu'il pleut, il se gonfle d'eau sans transmettre trop rapidement l'humidité aux autres couches de pulls. Il suffit alors d'enlever celui-ci, de l'essorer pour le débarrasser de l'eau accumulée puis de le remettre car, le corps étant plus chaud que la température extérieure, l'eau s'évaporera naturellement. Il est très rare que j'utilise une parka, car ce vêtement présente l'inconvénient de maintenir la transpiration à l'intérieur, ce qui génère une sensation désagréable de froid pénétrant et un plus grand risque d'hypothermie. Sous le pantalon, les collants sont en laine de mouton, tout comme le bonnet et les gants, très efficaces. Les chaussettes, elles, sont en alpaga. Seules mes chaussures sont en technologie Gore-tex.

Pour vivre en harmonie avec les chevreuils et pouvoir marcher derrière eux, je me débarrasse aussi de ces tourbillons de pensées qui parasitent mon expérience sur le terrain. C'est certainement le plus difficile. Mais au bout d'un an, le monde humain est devenu pour moi, d'une certaine façon, bien ignorant. Seul en forêt avec les chevreuils, je ne pense à rien, je ne mets pas de mots ni aucune définition sur ce que je vois, respire ou entends. Je me contente d'être là, avec eux, et de ressentir la nature plutôt que de la décortiquer. Je ne parle que très peu pour laisser toute la place à mon intuition. Je me lance le défi d'apprendre à connaître Daguet en l'imitant, en l'observant et en essayant de le comprendre. Lui a l'air tout aussi curieux, sinon plus, d'en apprendre sur moi ! Je laisse alors place au ressenti. Profiter de cette chance d'« être » plutôt que « faire » ou « penser ». Je tombe alors très vite sous le charme de ce petit animal malicieux et joueur, qui a l'art et la manière de vivre parfois à nos dépens, bien souvent jusque dans le potager ou le verger de nos maisons. Afin d'immortaliser les instants et de créer plus tard un album de famille, j'emporte parfois, lorsque cela est possible, un appareil photo avec des piles rechargeables. Je peux donc en glisser quelques-unes dans mes poches, et en changer régulièrement. Malheureusement, elles ne tiennent pas longtemps dans le froid. Et mon petit chargeur solaire ne peut pas faire grand-chose dans une forêt où la luminosité est de toute façon trop faible.

L'adaptation en milieu naturel est un processus long qui demande de la patience. Le métabolisme change. L'esprit change. Les réflexes changent. Tout change, mais lentement. Je dois accepter d'être malléable, accepter que mon corps s'adapte et que cela prenne du temps, ne pas chercher à le dompter, car cela ne fonctionne pas. La forêt n'est ni bonne ni mauvaise, simplement elle oblige à se remettre en question, constamment.

5

Les chevreuils sont des animaux routiniers, et plutôt que de passer mon temps à les chercher dans le sous-bois en gaspillant inutilement mon énergie, un bien si précieux quand on vit dehors, je m'assieds sur le bord d'un petit chemin le long duquel je sais que, tous les matins, un beau chevreuil que j'ai appelé Laflèche profite du calme de l'aube pour grignoter quelques jeunes pousses. La prairie est entièrement couverte de givre et le soleil vient caresser mon visage encore glacé par cette nuit de printemps. Je sens la chaleur de ses rayons réchauffer mon corps presque transpercé par l'humidité ambiante qui s'évapore de mes vêtements. Les territoires tardent à se former et Laflèche est sur le qui-vive. Régulièrement, il relève brusquement la tête, se retourne, hume l'air, puis reprend son occupation principale du moment : manger. Sipointe, ayant senti un rival potentiel sur son territoire, traverse l'allée devant moi, trotte dans ma direction, s'arrête un moment, réfléchit puis avance pour me contourner par la gauche. Il continue à me fixer, le cou tendu, le regard narquois, d'un air de dire : « Tiens ! t'es là, toi ? » Puis il continue jusqu'à atteindre son objectif qui n'est autre que ce pauvre Laflèche. Je ne suis pas encore tout à fait copain avec Sipointe, mais je l'ai croisé très souvent, bien avant même de partir pour véritablement vivre en forêt. Je sais qu'il est territorial et qu'il a un sacré caractère. Je le surnomme affectueusement « le Gueulard », car il aboie après tout ce qui bouge. Sa compagne, Étoile, une magnifique petite chevrette au corps élancé et aux yeux malicieux, me fait craquer dès que je la vois. Elle suit Sipointe avec quelques foulées de retard et semble beaucoup moins passionnée que son compagnon par le marquage de territoire. Je vois à ses flancs légèrement arrondis qu'elle va avoir des petits faons cette année et je réfléchis aux noms que je vais bien pouvoir leur donner.

Sipointe reconnaît Laflèche, qui est à l'extrême limite de son territoire. Tout comme les humains, les chevreuils ont un mode de vie plutôt individualiste et, en période de marquage de territoire, ils aiment bien se quereller un peu. Malheureusement pour les autres brocards, le marquage de territoire est un art dans lequel Sipointe est passé maître. Une fois passé l'âge de la « bande de copains », les plus jeunes chevreuils tentent souvent de s'installer dans un endroit qui leur offre à la fois nourriture et protection en étant de préférence les seuls locataires. Pour ce faire, le brocard doit bouter hors des limites de son futur territoire ses rivaux et s'employer à le défendre contre les intrus. Les territoires de Sipointe et de Laflèche sont très proches et parfois se chevauchent. De toute évidence, nos deux voisins de palier doivent mettre les choses au clair et Sipointe est bien déterminé à en découdre avec ce petit prétentieux qui grignote l'herbe sur ses plates-bandes ! Sipointe humecte régulièrement ses naseaux avec sa langue et se place contre le vent. Laflèche, malgré sa vigilance, ne se doute de rien et continue de manger. Soudain, dans un aboiement qui déchire l'aurore, Sipointe fonce sur Laflèche. Dans un bond incroyable, Laflèche se met à courir et aboie lui aussi. Sa course est désorganisée et, dans la panique, il se trompe de chemin pour s'enfoncer davantage sur le territoire de Sipointe, qui s'arrête un instant, haletant, se demandant certainement si une telle arrogance est possible. Il repart en aboyant de plus belle, seulement, malgré son inexpérience, Laflèche ne s'appelle pas Laflèche pour rien. Il bondit au-dessus d'un tronc d'arbre tombé au sol, vire à droite, dévale le petit sous-bois et disparaît sous le regard de Sipointe, désabusé et déçu, qui retourne vers Étoile en grognant de mécontentement, frottant sa tête sur toute la végétation environnante pour indiquer plus clairement qu'ici c'est SipointeLand et que personne ne peut y pénétrer sans son autorisation.

Étoile semble toujours totalement se désintéresser de cette activité. Mais il ne faut pas se fier à sa petite frimousse, car j'apprendrai plus tard que les chevrettes n'aiment pas non plus que d'autres femelles viennent visiter leur territoire. C'est même souvent en fonction des zones de vie défendues par les chevrettes que les mâles créent leur territoire. Un brocard fera toujours en sorte que son territoire traverse la zone d'activité de plusieurs chevrettes pour qu'au moment du rut en juillet-août, il ait, comment dire…, le choix. De la même manière, lorsque les faons de l'année précédente sont toujours là, la chevrette leur fera comprendre, parfois avec maladresse, qu'il est temps pour eux de faire leur vie tout seuls. Toutefois, un grand nombre de mères offrent à leurs filles des territoires annexes, bien souvent voisins de leur propre territoire. Dans la mesure du possible, les chevreuils essayent de reconquérir le même territoire chaque année, mais l'exploitation forestière peut en décider autrement en rasant des parcelles de bois et perturber ainsi le cycle du marquage de territoire. C'est ce qui est arrivé à Courage, le demi-frère de Chévi, dont je vous conterai l'histoire un peu plus loin. Au printemps, le brocard place des marqueurs en raclant le sol de sa patte avant, pour imprégner le sol de l'odeur de ses glandes pédieuses, c'est ce qu'on appelle le « grattis ». Quelques semaines plus tard, lorsqu'il se débarrasse du velours qui recouvre ses bois, il frotte vigoureusement son frayoir sur les tiges souples et non branchues des jeunes arbustes puis le polit et l'enduit d'une substance odoriférante sécrétée par la glande située sur son front, pour que les autres chevreuils remarquent sa présence. Une technique de marquage qu'on appelle le « frottis ». Par la suite, lorsqu'il arpente son territoire avec parfois une régularité surprenante, il frotte son museau sur la végétation basse pour laisser une nouvelle fois des preuves olfactives de son passage. Lorsque le chevreuil pratique sur un même arbre « frottis » et « grattis », on parle de « régalis ». C'est l'ensemble de ces marqueurs visuels et olfactifs qui permettent au chevreuil de délimiter précisément son territoire. Le brouillard s'épaissit et commence à masquer légèrement le soleil, j'abandonne Sipointe et Étoile pour chercher Daguet.

Bord est une forêt de quatre mille cinq cents hectares située dans le département de l'Eure. Sa forme en fer à cheval épouse parfaitement la quatrième boucle de la Seine. Si je la traverse d'est en ouest, je passe d'une végétation composée principalement de pins et de hêtres à une forêt plus dense de chênes et de merisiers. J'ai choisi de m'installer à l'est, sur un grand promontoire qu'on appelle la Crutte, qui domine toute la vallée de la Seine, jusqu'à la côte des Deux Amants. Ce lieu apprécié des randonneurs tire son nom d'un poème du Moyen Âge qui raconte l'histoire tragique de deux amants : Mathilde, fille du baron de Canteloup, et le jeune Raoul de Bonnemare. Pour mériter la main de Mathilde, le baron obligea Raoul à grimper une côte terriblement raide en la portant dans ses bras. Arrivé en haut, le garçon expira d'épuisement. Et de chagrin, Mathilde se jeta dans le vide. Dévoré par les remords, le père

Forêt. Au matin, la chaleur des doux rayons du soleil permet de « sécher » d'une nuit parfois humide. La rosée se dépose alors sur la végétation des bords de chemin ; elle rend les feuilles tendres et succulentes.

de Mathilde fit construire sur le sommet maudit un ravissant prieuré qui fait le bonheur des promeneurs aujourd'hui.

Mon « territoire » couvre environ cinq cents hectares de forêt. Et je dois dire que je commence à bien m'y repérer. Il y a d'abord toutes les coulées empruntées par les animaux et que je connais par cœur, et puis il y a quelques astuces que je développe avec l'expérience. Les repères olfactifs, pour commencer, sont essentiels, surtout la nuit. Les odeurs ne sont pas les mêmes si je marche en direction des plaines céréalières situées à l'ouest ou si au contraire je me dirige vers la Seine. Les chênes dégagent un parfum de vieille poutre. Les châtaigniers, les fougères, la reine-des-prés, toutes ces odeurs m'aident à m'orienter. Si je m'approche d'une mare, par exemple, ce sont les roseaux et la vase qui viennent chatouiller mes narines. Par ailleurs, mes yeux se sont habitués à l'obscurité. Je n'ai pas encore la vision d'un chat, mais ma vue s'est déjà nettement améliorée. Enfin il y a le toucher. La nuit en forêt, on somnole, on se balade et on mange. Mais comment repérer les bonnes plantes ? Le plantain et l'oseille, par exemple, sont tout à fait similaires, mais il me suffit de toucher les feuilles pour savoir à quelle plante j'ai affaire. Les nervures ne sont pas orientées dans le même sens. Évidemment, ce niveau de connaissance ne s'acquiert pas au terme d'un petit week-end à la belle étoile. Il m'aura fallu environ deux ans pour en arriver là, et la forêt a encore plein de secrets à me dévoiler.

À cette heure, Daguet est sûrement là où un vieil arbre centenaire se dresse tel un pilier de cathédrale au beau milieu des jeunes hêtres. C'est dans un paysage transpercé par la lumière où les rayons d'or ruissellent en longues cascades et frappent la forêt qui transparaît en contre-jour que je retrouve mon ami. Il est debout, me reconnaît et continue de me regarder. Il a fière allure, mon prince de la forêt, malgré la mue de printemps qui lui donne un aspect plutôt pouilleux.

Au printemps, chaque jour qui passe et s'allonge, les chevreuils perdent leur poil d'hiver pour laisser place à la magnifique robe d'été. La livrée, cette élégante toison à la couleur fauve qu'il fait bon arborer, comporte toutes les nuances de roux qui donnent au poil une esthétique soyeuse et polie tandis que la serviette, le miroir et le dessous du ventre prennent une teinte couleur crème. À l'inverse, la mue d'automne passe quasiment inaperçue. En quelques jours, le beau pelage d'été est remplacé par la robe hivernale. La fourrure épaissit, le pinceau des chevrettes, au centre du miroir, s'allonge et s'accentue. Chez les mâles, les poils situés au niveau du fourreau s'allongent également.

Daguet me paraît un peu stressé et inquiet, comme si quelque chose l'empêchait d'être lui-même. Je m'assieds par terre, en tailleur, la fesse gauche sur le talon de la chaussure droite et la fesse droite dans le vide pour changer de fesse au bout d'une demi-heure et éviter ainsi les engourdissements. Cette précision peut paraître futile. Elle est pourtant capitale : il ne faut jamais s'asseoir directement sur le sol, car si la terre est humide, toutes les couches des vêtements que l'on porte vont s'imbiber d'eau et il sera difficile de les sécher dans la journée. Il s'ensuivra dans la nuit une sensation très désagréable de froid qui gâche un peu le plaisir d'être dehors et surtout, en fonction de la température ambiante, pourrait provoquer des engelures ou, pire, une hypothermie. Daguet reste debout et attend. Il regarde soudain en face de lui et je reconnais le visage de Chocotte, un beau brocard d'au moins six ans qui était là depuis très longtemps, avant même que je ne décide d'explorer la forêt. C'est un chevreuil extrêmement sympathique qui, malgré son âge, son fort caractère et sa carrure impressionnante, peut partir en courant à cause d'une simple pomme de pin qui tombe au sol à quelques mètres de lui (les écureuils rigolent bien !). Mon jeune ami face à Chocotte baisse la tête et présente sa parure de bois. Il hoche la tête pour mieux impressionner l'adversaire et gratte le sol avec sa patte avant. Chocotte fait mine d'ignorer la « menace » que présente Daguet et passe son chemin comme si le jeune brocard n'existait pas. Il n'est de toute façon pas intéressé par ce territoire-là puisqu'il habite en face.

Lorsque deux chevreuils se rencontrent, il arrive qu'ils règlent leurs différends en frayant leur tête aux arbres et en aboyant. D'autres fois, ils ont recours au combat, tête contre tête, mais ces batailles restent rares et les blessures mineures. En sept ans de vie avec eux, je n'ai jamais assisté à un de ces combats, ce qui ne veut pas dire qu'ils ne se battent pas. Comme partout, certaines personnes sont plus agressives que d'autres. Au début, les combats ressemblent plutôt à un jeu. Cela dit, jeu de mains, jeu de vilains. Parfois, le jeu dégénère et l'agressivité chez un individu, due à la montée de testostérone, peut vite grimper. L'activité territoriale est à son maximum au mois de mai et une fois les périmètres établis, les conflits s'estompent, évitant de cette façon des démonstrations de force inutiles.

J'aperçois au fond, derrière Daguet, un autre brocard qui s'avance timidement. Il s'agit de Broc, un très jeune brocard particulièrement craintif qui vogue de territoire en territoire sans pour autant réussir à s'en créer un. Il fait partie de ces chevreuils moins chanceux et plus sensibles qui, ne parvenant pas à conquérir un territoire, se réfugient alors durant l'été dans de petits bosquets, des fourrés, voire des haies, ce qui rend leur existence pénible, pour ne pas dire désastreuse. Ces chevreuils aux conditions de vie difficiles sont bien souvent des jeunes de moins de trois ans ou, au contraire, des chevreuils extrêmement vieux qui ont plus de dix ans. Certains n'arrivent jamais à obtenir un lopin de terre, et ce, quel que soit leur âge. Blessés, malades ou trop âgés, ils ne peuvent pas rivaliser et, parfois, meurent, participant malgré eux au grand cycle de la vie et à l'autorégulation de l'espèce. D'autres jeunes de l'année, trop faibles ou pas assez combatifs pour attirer l'attention des plus âgés, se voient offrir par leur père, voire leurs aînés, une seconde chance. Une deuxième année en tant que « protégés ». Plus tard dans l'année, s'il arrivait un malheur à leur protecteur, ils prendraient temporairement sa place et seraient respectés par leurs voisins. Ils connaissent les lieux, ont tout appris auprès de leur « maître », et peuvent défendre le cas échéant le territoire contre des adversaires, même plus grands et plus puissants qu'eux, jusqu'au printemps suivant tout au moins. En règle générale, tous ces chevreuils « SDF », qu'ils soient mâles ou femelles, sont plutôt repoussés des forêts bien situées et sont obligés de trouver des refuges précaires ainsi qu'une nourriture de plus faible qualité, sur des terrains découverts. Étrangement, en montagne et plus particulièrement dans les grandes forêts de conifères des Alpes, j'ai pu observer que les chevreuils vivant cette situation faisaient l'inverse. Ils élisent domicile dans les endroits les plus denses et les plus sombres, au cœur des forêts. C'est là qu'ils survivent, prêts à sortir dès qu'une zone se reboise (naturellement ou artificiellement). Le mouvement s'effectue donc de l'extérieur vers l'intérieur, puisque les mâles les plus puissants occupent des territoires en bordure de forêt.

Broc, cherchant l'amitié et le réconfort, avance doucement vers Daguet qui, voyant la faiblesse de son congénère, accepte de faire un petit bout de territoire avec lui. Je suis obligé de laisser mon ami ici et de le regarder s'éloigner avec un autre copain, car j'imagine que la crainte de ce dernier risquerait de rompre la confiance que Daguet m'accorde.

Je m'aperçois que lorsque mon ami n'est pas là, je suis bien seul. Je me mets donc en tête de me laisser apprivoiser par d'autres chevreuils que Daguet, Sipointe, Étoile ou Laflèche, avec la même technique et, contrairement à ce que l'on pourrait penser, ce n'est pas si simple que cela. Ce n'est pas parce que Daguet me fait confiance et que je peux marcher derrière lui que les autres chevreuils nous observant vont l'imiter et prendre confiance. C'est bien plus complexe, car ce travail d'apprivoisement doit être répété pour chaque individu. Même en hiver, lorsque de petits groupes se formeront, si j'ai la confiance d'un chevreuil, il faudra travailler avec chacun des autres chevreuils et chevrettes séparément pour leur prouver mes bonnes intentions, en faisant avec le caractère de chacun. Et ils ont du caractère, mes « p'tits chevreuils » ! Au long de l'hiver, les chevreuils forment des groupes pouvant compter plus d'une dizaine d'individus et il arrive qu'ils créent des regroupements isolés comme le font leurs cousins les cerfs, mais il ne s'agit absolument pas pour autant de hardes. Je retourne voir Sipointe, mais il est parti avec Étoile sur des coteaux crayeux et hors de mon territoire. Les arbustes qui y poussent sont très serrés et il m'est difficile d'y pénétrer. J'abandonne donc pour cette fois ma tentative d'aller « plus loin » avec eux.

6

Un soir, je retrouve Daguet et nous traînons ensemble quelques heures. En cette nuit de printemps, avec les bourgeons des arbres qui ont tardé à s'ouvrir pour laisser place aux succulentes feuilles fraîches et sucrées, Daguet a faim et commence à rechigner devant les feuilles de ronce qui, si elles ont l'avantage d'être présentes toute l'année, sont hélas de plus en plus amères au fur et à mesure que se prolonge l'hiver. Nous marchons en direction de la lisière au bord de laquelle une ferme typiquement normande possède un magnifique potager. Carottes, patates, poireaux, blettes poussent ici, près d'un verger, sous le regard envieux des vaches normandes qui broutent sous les pommiers. De jolies fleurs séparent les sillons de légumes afin que les insectes nuisibles n'anéantissent pas la récolte. Nous traversons une route qui à cette heure de la nuit n'est pas très fréquentée par les automobilistes, mais la prudence reste de mise. En effet, représentant les trois quarts des ongulés renversés sur le bord des routes, les chevreuils payent un lourd tribut à la circulation routière. Au printemps, le regain d'activité chez les mâles en est une des causes. Les chevrillards aussi se dispersent pour partir à la conquête de territoires et, à l'automne, les chevreuils sont dérangés par les activités humaines comme la chasse ou les sorties en forêt. Daguet saute le muret d'un mètre vingt de hauteur puis trotte dans l'herbe encore humide comme un bienheureux jusqu'au potager. Il glane çà et là quelques fleurs sur lesquelles la rosée a déposé de jolies perles d'eau. Il déterre légèrement des tubercules, mange une blette, quelques haricots pour finir, puis s'en retourne dans sa forêt à l'aube, avant le réveil du fermier. Le propriétaire des lieux, accompagné de son chien, ne pourra que constater le résultat de cette petite expédition nocturne dans son jardin. Bon, ce ne sont pas des dégâts, c'est de la faim, il faut apprendre à partager, c'est ça la vie à la campagne, et puis c'est moins grave que si c'étaient les sangliers, après tout ! Cela fait quelques mois seulement que je connais Daguet et ce fripon me débauche déjà ! Il faut dire que la faim me tenaille.

À ce stade de l'aventure, je retourne encore de temps en temps à la civilisation, deux ou trois fois par mois, pour reprendre des forces. Les aliments transformés que je trouve dans le frigo familial sont toujours aussi appétissants. J'ai néanmoins de plus en plus de mal à les digérer. Le passage brutal du régime sylvestre, fait de saveurs amères et âcres, à l'univers sucré-salé de la grande distribution est une expérience surprenante. Le fromage blanc exhale un étonnant parfum de champignon. Le pain industriel n'a jamais été aussi difficile à mastiquer et les œufs durs m'écœurent. J'en profite pour récupérer quelques boîtes de conserve qui viendront compléter le stock de secours que je me suis constitué au début de l'aventure. Je recharge les piles de mon appareil photo. À mon grand désespoir, le chargeur solaire s'est avéré parfaitement impuissant dans les conditions de luminosité de la forêt. Je prends aussi une douche bien chaude. Je dors quelques heures dans mon lit d'enfant et je repars avant le lever du jour. J'évite de croiser mes parents qui réprouvent cette nouvelle vie d'homme des bois et ne manquent pas de me le faire savoir. Est-ce que je fais une lessive ? Non. Je ne souhaite pas importer les odeurs du monde des hommes dans la forêt. Cela rendrait mes amis chevreuils extrêmement nerveux. Par ailleurs, je me suis aperçu que, en forêt, l'hygiène n'est pas un problème. J'y reviendrai.

Je suis toujours stupéfait par la précision avec laquelle mon ami Daguet et les autres chevreuils sélectionnent leur nourriture. Avec ses lèvres ultra-mobiles et sa langue, fine et longue, Daguet attrape facilement les anémones sylvies, les jacinthes et quelques autres végétaux pourtant réputés toxiques pour les herbivores. Il ne semble pourtant pas sensible à leurs substances. C'est parce qu'il recherche dans sa ration journalière une quantité précise de tanins dont il a besoin pour équilibrer son alimentation. Ses glandes salivaires, et plus particulièrement les parotides, fabriquent des protéines capables d'annihiler les toxines contenues dans ces tanins. Cette science de la nourriture, il l'a apprise lors du premier mois de sa vie de faon. Sa mère l'a emmené sur des zones de gagnage dans lesquelles, par mimétisme, il a pu goûter en toutes petites quantités à ces végétaux particuliers. Aujourd'hui, grâce à sa haute sélectivité et à son odorat extrêmement sensible, il reconnaît rapidement les végétaux qui lui apportent ou non ce dont il a besoin, sans avoir à les mettre à la bouche. Son foie, le plus développé de tous les ruminants, inhibe les substances toxiques que les plantes sécrètent pour se protéger des herbivores. En revanche, il est dépourvu de vésicule biliaire, car un procédé très particulier lui permet d'assimiler instantanément les glucides, sans qu'ils soient abîmés lorsqu'ils arrivent dans sa panse. Les plantes cultivées avec de l'engrais ainsi que les arbres replantés l'attirent bien plus que tout ce qui peut pousser naturellement. Sans parler des arbres ornementaux, des nouvelles variétés de rosiers, des bruyères ou encore des plants de tabac, bref, de tout ce qui est inhabituel en forêt. Disons clairement que ma joyeuse bande de copains aime le sucre, le sel, les goûts amers et, en règle générale, absolument tout ce qui a un goût prononcé. Ils affectionnent les végétaux ligneux et semi-ligneux à forte valeur nutritionnelle. Ils sont capables de distinguer instantanément une plante de même essence ayant poussé en pépinière d'une autre issue de semis naturels. Ronces, lierre, callune, framboises, cenelles, mûres et toutes les jeunes feuilles d'arbre à la belle saison représentent un grand intérêt nutritif pour eux, à condition bien sûr que l'arbre ne soit pas trop haut, car, de petite taille, le chevreuil ne peut atteindre sa nourriture en hauteur. Au-delà d'un mètre vingt, la nourriture sera boulottée par les cerfs et les biches, bien plus grands que lui. Les souches d'arbres coupés à ras du sol l'année précédente qui repoussent en rejets au printemps suivant sont également idéales. Une grande partie de la nourriture qui pousse en forêt, telles les ronces, les feuilles de chêne, d'acacia, de merisier ou de prunellier, est de goût amer, âcre ou totalement fade.

Nous restons des journées entières dans le sous-bois, attendant patiemment le ponant pour sortir dans la clairière, le pré, le champ ou simplement sur un bord de chemin. Il faut imaginer la joie intense que nous ressentons lorsque enfin nous osons nous aventurer en terrain découvert pour manger du plantain, de l'oseille sauvage, des pissenlits, et bien d'autres plantes succulentes, sucrées ou amidonnées, salées ou piquantes. Avec les chevreuils, on ne vit pas *en* forêt mais *de* la forêt ; c'est subtil, mais cela a son importance. En revanche, pendant la saison froide, l'offre en nourriture est plus faible et la ronce représente la majeure partie de leur alimentation. Pour s'adapter aux contraintes alimentaires en forêt, les chevreuils ont été obligés de s'adapter

Sipointe dans les pins. Sipointe est le chevreuil le plus territorial que j'ai rencontré. Il aboyait si souvent que je l'avais surnommé « le Gueulard ».

plusieurs fois au cours de leur évolution. Leurs premiers ancêtres, apparus il y a vingt-cinq millions d'années, étaient dotés de canines très développées au niveau de la mâchoire supérieure. Avec la disparition progressive des grands arbres fruitiers, due au changement climatique de l'époque, les chevreuils ont évolué vers leur forme actuelle à l'ère du pléistocène moyen, il y a deux cent mille ans, et d'après la structure des os de leur poignet, les paléontologues pensent qu'ils seraient apparus bien avant les cerfs ou les daims. Contrairement aux autres cervidés qui doivent consommer une très grande quantité de nourriture végétale herbacée à faible valeur nutritive, les chevreuils ont privilégié la cueillette, car ils trouvent plus aisément leur nourriture sur les arbres ou les arbustes. C'est la raison pour laquelle je définis mes compagnons comme des glaneurs gourmets qui sélectionnent leur nourriture en fonction de sa haute valeur nutritive et choisissent à coup sûr ce qui se fait de meilleur. Si feuilles, bourgeons, baies et jeunes pousses de l'année font partie du panel de leurs goûts très variés, les fruits sont également fort appréciés. Sans le savoir, mes amis jouent un rôle écologique en permettant par exemple à certaines graines, comme celles du sorbier, de se disperser, leur tube digestif devenant un passage obligatoire pour la germination de celles-ci. En revanche, ils ne mangent que très rarement de l'herbe, car elle ne représente pas une alimentation assez riche pour survivre. Au fil de l'évolution des espèces, les incisives de la mâchoire supérieure ont été remplacées par un petit coussinet de cartilage, bourrelet contre lequel les dents de la mâchoire inférieure viennent buter quand la bouche est fermée. Ils introduisent profondément les tiges ligneuses dans leur bouche pour mâcher avec les molaires plutôt que de les sectionner avec les incisives comme le font les rongeurs. Un chevreuil vivant dans la forêt, même lorsqu'il est vieux, a en général les incisives beaucoup moins usées que les chevreuils de plaines, car la quantité et la qualité de la nourriture ainsi que la tendreté des tiges sont remarquablement plus importantes en forêt. L'estomac des chevreuils, composé de la panse, du bonnet, du feuillet et de la caillette, est si petit (cinq litres environ) que Daguet est contraint de se nourrir très régulièrement, dix à quinze fois dans la journée. Après chaque prise de repas, lorsqu'il est rassasié, il aime ruminer tranquillement à couvert ou éventuellement à découvert s'il se sent en sécurité. Je peux lire sur son visage que cet instant est pour lui un pur moment de détente. Il n'arrête pas pour autant de surveiller les environs en laissant ses oreilles percevoir le moindre bruit et ses naseaux la moindre odeur. Pour digérer, les chevreuils ont besoin de calme et les intrusions (une harde de cerfs, un groupe de sangliers ou le passage des humains) ont une influence directe sur les horaires de repas. Ces irruptions intempestives peuvent les mettre dans un état de stress extrême, et si cela se répète trop souvent, les chevreuils deviennent plus craintifs, sursautent au moindre bruit, et dans certains cas piquent de véritables « crises de nerfs ». La prise de repas doit se faire régulièrement dans la journée mais également la nuit. Avec l'expérience, ils apprennent à se faire discrets et lorsque des passages trop fréquents ont lieu par exemple à l'aube ou au crépuscule, ils peuvent modifier leur « planning » pour manger en milieu de journée, afin de ne pas être dérangés au moment critique.

De retour dans les bois et après une bonne heure de repos, nous traversons une parcelle de forêt dans laquelle des plantations ont été effectuées. C'est dans un paysage monotone et rectiligne que nous mangeons en glanant des feuilles tendres de jeunes plants au stade encore arbustif. Chênes, frênes, merisiers, ces essences de grand intérêt sylvicole pour les forestiers semblent attirer plus particulièrement mon « p'tit Daguet ». C'est le moment du débourrement chez les végétaux et les bourgeons sont une source d'extase permanente. On est comme des enfants dans un magasin de friandises, devant des bonbons plus beaux et plus savoureux les uns que les autres. Quelquefois, il mange le bourgeon terminal de la plante. Ces bourgeons de tête ne sont pas meilleurs que les autres bourgeons latéraux, mais il faut être prévoyant, car ces jeunes arbres ne vont pas rester petits toute leur vie. Il faut donc les entretenir pour pérenniser l'abondance de nourriture. Les chevreuils sont en quelque sorte les jardiniers de la forêt qui entretiennent la végétation. Ces abroutissements ne provoquent pas la mortalité des plants mais adaptent la croissance de l'arbre, qui prend quelquefois une forme buissonnante avec des fourchaisons multiples. Pour les forestiers, ces arbres n'ont plus de valeur, ils sont « économiquement » morts. Mais il en va autrement dans la nature, où chaque individu répond à des stimuli et se défend comme il le peut. La vie trouve toujours un chemin et il faut avoir confiance en elle. Les pins laricios et les épicéas plantés au milieu de la parcelle n'intéressent pas Daguet, d'un point de vue alimentaire tout au moins. Quoique, ils nous serviront peut-être cet hiver en cas de disette.

Nous quittons progressivement la parcelle, remontons un petit chemin le long duquel de la bourdaine et des bouleaux poussent anarchiquement. Après avoir mangé une bonne quantité de végétaux, nous cherchons un endroit où ruminer tranquillement. Nous nous dirigeons vers le territoire de Harry, un chevreuil très puissant. Tout comme Sipointe, Harry a un caractère épouvantable en période de marquage de territoire et je m'inquiète un peu pour mon ami insouciant. Je marche derrière Daguet et plus j'observe sa démarche, plus il me semble qu'il marche de travers. Il me paraît dans un état très curieux. Il semble un peu hébété. Comme il fait beaucoup de bruit, grognant sans raison, se permettant même d'aboyer sur le territoire de Harry, celui-ci ne met pas longtemps à rappliquer. J'aperçois la silhouette de ce chevreuil impressionnant ; il est grand, musclé et ses bois sont gigantesques. Daguet se dirige très confiant, la démarche nonchalante, vers le chevreuil le plus fort et le plus territorial du coin. Il sautille gaiement et Harry a l'air intrigué. Soudain, celui-ci aboie très fort en direction de Daguet, qui se fige un instant, se retourne vers Harry avec un air des plus idiot, comme s'il lui disait : « Non mais ça va pas la tête ? Tu m'as fait peur ! » Furieux, Harry fonce sur Daguet qui continue ses âneries. Il s'arrête à quelques centimètres de lui. Perturbé et surpris, Harry recule un peu et charge à nouveau. Daguet prend un coup sur le côté, tombe et pleurniche un peu mais se relève comme si de rien n'était. Désemparé, le plus grand et le plus fort des chevreuils prend peur, s'éloigne un peu et aboie de plus belle. Daguet vient dans ma direction et se cache juste derrière moi. Ce qui ne m'arrange pas, car si Harry venait à charger de nouveau, je ne voudrais pas être entre les deux. Mais Harry finit par partir en aboyant, fort mécontent. Il ne manquera sûrement pas de revenir ce soir pour marquer à nouveau son territoire. Nous repartons sur le domaine vital de Daguet. L'air encore un peu hagard, il s'installe debout contre un arbre en bordure de clairière. Penché contre le tronc, il me regarde. De toute façon, il n'a pas le choix : il faut attendre que ça passe. Car Daguet est tout simplement saoul ! En effet, à l'automne, les plantes concentrent dans leurs cellules de grandes quantités d'alcaloïdes, de saponoïdes et de polyphénols ainsi que d'autres substances qui leur permettront de protéger les bourgeons et de résister aux grands froids de l'hiver. Elles fabriquent en quelque sorte un antigel qui, lorsqu'il est avalé par les chevreuils, provoque les mêmes effets qu'un alcool fort, d'où parfois des scènes cocasses d'animaux titubant dans les allées forestières. Il y a quelques années, dans mon département de l'Eure, un chevreuil habitant près de la petite ville de Bourgtheroulde-Infreville s'est installé sous la table d'une cuisine dans un hôtel-restaurant et ne voulait plus en partir ; il a fallu du temps pour l'en déloger. Comme la quantité de ces substances varie d'une plante à l'autre, elle ne touche pas tous les chevreuils, seulement les plus gourmands.

7

De bon matin, une joie inexplicable m'envahit. Daguet m'apprivoise de plus en plus et se permet même de venir jusqu'à mes pieds pour renifler l'odeur de mes chaussures. Il observe mon comportement tout en restant très vigilant. Je remarque qu'il regarde surtout mes mains quand il s'approche, de peur certainement qu'elles ne l'attrapent. Mais je plaque mes bras contre mon corps en présentant la paume de mes mains afin qu'il puisse les sentir. Cela le rassure et il voit bien que je ne bouge pas. Je ne cherche même pas à le caresser et Dieu sait que la tentation est grande. Nous marchons jusqu'à la pinède dans laquelle Sipointe règne en maître. Je ne sais pas si c'est de la provocation, mais Daguet semble certain de vouloir y pénétrer. Il est très tôt et il fait très sombre. Le jour peine à se lever dans la grisaille ambiante quand de petits bruits, comme des chuchotements, se font entendre. Daguet, avec son ouïe extraordinaire, les capte aussitôt et se met en quête, probablement pour en déterminer l'origine.

Nous avançons prudemment. Il s'arrête régulièrement, hume l'air ambiant et semble intrigué. Ce n'est pas de la peur mais de la curiosité. Soudain, à quelques mètres de moi, j'aperçois difficilement Étoile dans l'obscurité ambiante. Elle est seule, couchée et Sipointe n'est pas à ses côtés. Quand elle aperçoit Daguet, elle renifle dans notre direction, se lève essoufflée et trotte péniblement vers nous en aboyant faiblement. Daguet se retire par petits bonds discrets. Je suis prêt à le suivre mais je m'inquiète pour Étoile, qui ne me semble pas au mieux de sa forme. Je laisse partir mon ami afin de rester un petit moment à observer Étoile.

Il fait très frais ce matin, pour un mois de juin. Elle m'a vu et a reconnu mon odeur. Depuis quelques semaines, j'ai gagné en confiance avec Sipointe mais plus encore avec Étoile, qui semble intriguée par ma présence. C'est une chevrette pleine d'expérience et, même si nous n'avons rien vécu d'exceptionnel ensemble, sa curiosité ne s'arrête plus à nos croisements respectifs. J'ai un profond respect pour cette petite femelle très intelligente. Elle ne me dit rien, se recouche à une dizaine de mètres de moi puis me fixe pendant de longues minutes avant de s'endormir un peu. C'est tout au moins ce que je crois. Je ne bouge pas et je fais bien, car quelques instants plus tard, je la vois ouvrir les yeux doucement, le regard toujours fixé dans ma direction. C'était une ruse pour voir si, la croyant endormie, je m'approcherais d'elle. Quand on joue avec les chevreuils, il ne faut jamais se croire plus malin qu'eux, on y perd au change. Les minutes passent et je constate qu'elle se détend, sa confiance grandit.

Un long moment plus tard, visiblement affaiblie, elle se lève péniblement et tremble de tout son corps, comme si elle risquait de s'écrouler tel un château de cartes. Elle fait un pas en avant puis s'arrête. Je prie de toute mon âme pour qu'elle n'ait rien de grave. J'observe qu'un mince filet liquide coule de son arrière-train. Quelques petits gémissements sortent de sa bouche et je vois qu'elle fait un effort incroyable pour retenir sa douleur. Je fais quelques pas sur le côté pour mieux voir son miroir quand je m'aperçois que le plus beau cadeau que la vie puisse nous offrir se déroule sous mes yeux. Elle est en train de mettre bas ! Les douleurs n'étaient que des contractions et j'assiste à la naissance de petits faons qui peinent tout de même à sortir. Je pense que c'est pour cela que Sipointe n'est pas présent. Les chevrettes, en général, n'aiment pas que les mâles rôdent dans les parages lorsque la grossesse arrive à son terme. Deux pattes tremblantes, toutes raides et qui ont transpercé le placenta pendent dans le vide. Je suis tellement heureux et tellement proche d'Étoile que j'irais presque l'aider à accoucher ! Mais la raison veut que je n'y aille surtout pas et que je lui laisse ce moment d'intimité avec ses faons. Je partage sa douleur et à chaque petit gémissement prononcé, je perçois l'immense effort de cette petite chevrette courageuse. Première contraction, rien. Seconde contraction, toujours rien. Elle pousse encore et l'effort est intense. Les minutes passent, encore une contraction, puis une autre quand, d'un coup, le jeune faon sort et tombe à terre dans un fracas proportionnel à son poids : bam ! Voilà, mon « p'tit bonhomme », bienvenue sur Terre.

Je ressens au fond de moi une immense joie, comme si c'était moi qui l'avais mis au monde. J'éprouve également de la fierté pour ma petite chevrette qui, sans aucune aide, seule face à la douleur, a su surmonter cette épreuve de la vie. J'attends un deuxième faon, mais il n'y aura rien de plus. Il n'y en a qu'un, c'est un petit mâle et je l'appelle Chévi. Étoile se donne quelques instants pour se remettre de ses émotions puis se retourne sur son faon. Chévi grelotte de tout son corps. Elle le lèche pour le sécher mais également pour établir le lien qui les unira dans le futur. Elle finit de manger le placenta encore collé sur lui à certains endroits et qui, s'il était par malheur découvert par un renard ou un autre prédateur, pourrait mettre en danger à la fois le nouveau-né qui ne sait pas encore marcher et la mère, très affaiblie par la mise bas. La toilette de Chévi est terminée et je distingue ce minuscule petit bout de chou, tout ébouriffé par les coups de langue de sa maman. Au bout d'une heure, voilà que ce grand garçon essaye de se mettre debout tout seul. La première tentative échoue. Le deuxième essai est concluant, mais il tombe au bout de quelques secondes et se relève aussitôt, fait trois pas avant de trébucher dans des herbes. Éreinté par l'effort produit par sa naissance, le petit faon s'écroule de fatigue, blotti contre sa douce et tendre maman.

Un peu plus tard, Chévi se lève à nouveau, avec plus d'assurance cette fois-ci, se dirige vers une des quatre tétines et se met à tirer dessus comme un petit vorace. Sa maman l'allaitera pendant cinq mois. Couchée à ses côtés, elle aussi semble vouloir dormir. Elle le lèche une dernière fois entièrement, donne un petit coup de langue affectueux sur son museau puis tourne la tête dans ma direction. Manifestement surprise, elle me fixe un long moment. Avec tous ces efforts, elle avait certainement oublié ma présence. Tout doucement, je me retourne puis, d'un pas délicat, m'en vais revoir Daguet, le cœur léger et la tête encore secouée par toutes ces émotions. Elle me regarde partir. Je sais que Chévi va vivre ses premières semaines caché dans un taillis puis, lorsqu'il aura un peu plus de force, il marchera derrière sa mère. En attendant, je dois le laisser tranquille, car même si Étoile me connaît bien, j'ignore ce que serait sa réaction si mon parfum venait à se mélanger à celui de son petit. Je préfère donc ne pas prendre de risques et le laisser en paix. J'ai déjà Daguet, Laflèche, quelques autres connaissances et puis, avec Sipointe, j'aurai peut-être le privilège de croiser Chévi trottant derrière sa maman.

Pour une chevrette, la mise bas n'est pas vraiment

Daguet dort. Nerveux en apparence, les chevreuils sont en réalité des animaux paisibles qui prennent le temps de vivre.
Un jour, j'étais assis près d'un roncier le long d'un chemin fréquenté. Soudain, j'entendis un ronflement au fond du buisson. C'était Daguet : il dormait profondément, sans se soucier des promeneurs qui passaient par là.

une partie de plaisir. Les naissances sont décalées et pour certaines chevrettes, il s'écoule parfois plusieurs heures entre l'arrivée du premier et celle du deuxième faon. Les efforts intenses liés à l'accouchement affaiblissent la maman et quand l'un des petits se présente mal, il arrive qu'elle succombe. Ce qui fait trois morts d'un coup, puisque les petits faons ne pourront pas être allaités par leur mère et mourront tragiquement de faim quelques heures plus tard ! Les décès sont malheureusement fréquents, car le processus naturel veut que la chevrette dépose ses petits à des endroits différents. Le premier-né est alors potentiellement la victime d'un prédateur qui rôderait ou tout simplement d'un refroidissement si sa maman ne revient pas très vite. Les six premiers mois sont déterminants pour la survie des faons. La mortalité est plus importante au cours du premier mois de leur vie, sans aucune distinction entre mâles et femelles, et reste insoupçonnée des humains. Les jeunes chevrettes de moins de deux ans n'ont pas la maturité physique suffisante pour avoir des petits. Elles ne se reproduisent pas ou peu, pèsent moins de vingt kilos et sont exceptionnellement en chaleur. Étoile n'a qu'un seul petit parce qu'elle est jeune, légère et pèse à vue d'œil une vingtaine de kilos. En observant mes différentes amies chevrettes, je constate que le nombre de faons qu'une chevrette peut porter est fortement lié à son poids. Plus elle est légère, moins elle aura de petits. Je connais aujourd'hui, dans une forêt voisine

(Lyons-la-Forêt) où la nourriture est abondante, une chevrette qui a eu des triplés, mais son poids s'approche plus des trente kilos. Ce phénomène participe à l'autorégulation de l'espèce en l'absence de prédateurs. En effet, la fluctuation des naissances est intrinsèquement liée à la disponibilité des ressources en nourriture à la période des naissances. Certaines femelles comme Magnolia, dont vous allez faire la connaissance dans quelques pages, n'ont pas l'instinct maternel très développé et beaucoup d'entre elles perdent ainsi la totalité de leur portée tandis que d'autres, plus dévouées, parviennent à conquérir, grâce à leur caractère dominant, une zone de vie de qualité, avec une alimentation riche pour elles et leurs petits. Il s'ensuit la production d'un lait de très grande richesse pour des petits costauds. Comme personne ne change, les traits de caractère persistent et, chaque année, la même scène tend à se reproduire, ce qui peut influencer à long terme la pérennité de toute une lignée.

Comme pour tous les autres faons, les premiers jours de Chévi sur Terre se vivent caché dans un buisson, un hallier dans lequel sa maman le sait à l'abri et où il prend des forces. C'est cette première semaine qui détermine également la croissance corporelle maximale de tous les faons. Sorti de cette phase critique, il pourra suivre sa mère presque partout avec une grande agilité. Et pour le défendre, comme toutes les autres chevrettes de la forêt, Étoile fait preuve d'un dévouement sans faille. En effet, les mères n'hésitent pas à donner des chiquenaudes aux vipères, à mettre en fuite les renards et, dans les cas les plus extrêmes, elles peuvent se positionner dans la ligne de mire d'un chasseur pour lui faire barrage. Malgré cela, les causes de mortalité dues aux prédateurs naturels restent importantes, au début de l'été surtout, mais aussi durant l'hiver lorsque le manteau neigeux est trop épais, car cela ralentit la progression des jeunes faons lors des déplacements, ce qui les rend plus vulnérables que les adultes. En attendant, durant cette première semaine, lorsqu'elle part en quête de nourriture, Étoile met Chévi en sécurité en lui « ordonnant », d'un petit cri, de rester couché jusqu'à son retour. Elle peut le laisser seul pendant quelques heures. Heureusement, le pelage de Chévi est un camouflage efficace, motif de taches blanches sur fond un peu marron. Il s'estompera très rapidement au cours du mois de juillet, peut-être même dès les premières semaines suivant la naissance. Au mois d'août, on ne distinguera déjà plus qu'en transparence son motif de taches initial, qui finira par céder la place fin septembre à un épais pelage d'hiver en tous points semblable à celui des adultes. Sa gorge s'ornera en plus d'une tache blanche bien délimitée que l'on appelle « serviette ».

La journée continue auprès de Daguet, mais je ne peux pas m'empêcher de penser à ce petit faon, si petit et si fragile, qui vit maintenant non loin de moi (c'est la seule et unique fois que j'assisterai à une naissance). Les images ne cessent de défiler dans ma tête. Je me désole de ne pas avoir eu l'appareil photo à ce moment-là, car j'aurais pu immortaliser ces bons moments. Je n'ai même pas une photographie d'Étoile datant de cette époque. Je suis tellement ailleurs que je finis par perdre de vue Daguet qui marchait devant moi et qui ne m'a visiblement pas attendu. Un orage se prépare. Je ne pense pas qu'il sera violent, mais je préfère tout de même retourner sous les pins dans lesquels le vent a du mal à pénétrer. Je m'assieds. Une heure plus tard, je croise Sipointe, qui ne sait pas encore qu'il est papa. J'essaye de le suivre et il se prête un peu au jeu, mais avec Sipointe, c'est toujours compliqué. Malgré les années de cohabitation, bien qu'il sache pertinemment que je ne lui veux aucun mal et même s'il accepte sans problème ma présence quand je marche derrière lui, j'ai toujours l'impression que sa tête a compris mais que son corps, lui, est encore réticent. Cela lui donne l'attitude étrange d'un corps dont les pattes avant marchent tout à fait normalement, détendues, en accord avec la tête, et dont l'arrière-train raidi veut aller toujours plus vite, comme pour dépasser le corps entier. J'allonge donc la distance pour ne pas le brusquer. Dans ce type d'exercice, il ne faut pas imposer quelque chose mais proposer. C'est à lui de choisir. Je lui parle, lui dis à quel point j'aimerais le câliner, le caresser et partager un moment de sa vie. Je suis persuadé que l'intonation de ma voix le rassure et qu'elle joue un rôle important dans le travail d'acceptation. Je le laisse finir de marquer son territoire, m'éloigne un peu et disparais. Pour le moment, je vais organiser mon début de nuit avant qu'il ne pleuve, préparer mon « matelas » en cassant quelques rameaux de sapin et me reposer un moment, ça me fera du bien après une journée intense en émotions. Profitons-en, c'est l'été.

8

L'été est bien avancé et la confiance toujours grandissante que m'accorde Daguet m'honore. Il fait chaud, le ciel est d'un bleu profond et le soleil brille de mille feux. La matinée reste humide et, pour se réchauffer un peu, Daguet décide d'aller se coucher dans les hautes herbes d'une clairière que j'appelle la « clairière du Renard ». C'est à cet endroit qu'à l'âge de quatorze ans, j'ai photographié la première chevrette de ma vie. Plusieurs semaines après, j'ai cru qu'en y retournant, je pourrais la revoir. Mais un beau renard charbonnier s'était installé dans un terrier non loin de là et avait certainement freiné les envies de ma chevrette de faire une promenade. De plus, c'était la fin du printemps et si elle attendait des petits, elle n'aurait certainement pas pris le risque de s'aventurer par là. Daguet glane quelques graminées, j'en profite pour « emprunter » des pastèques et des melons que les chasseurs ont déposés au pied de jeunes pommiers dont le tronc est protégé de piquets en bois et d'un grillage à poules. Ces

« colis » ne me sont pas destinés, mais je suis certain que les sangliers ne m'en voudront pas d'avoir pioché dans leurs offrandes ; et puis je me dis qu'ils sont suffisamment gros comme ça.

Le ventre plein de fruits, je me couche dans la clairière. Daguet me rejoint et, chose exceptionnelle à laquelle je ne m'attendais pas du tout, il vient se blottir contre moi en me regardant d'un air satisfait et confiant. Je sens son corps chaud contre ma jambe. Il se love en plaçant sa tête sous son genou, il se repose. J'ai une incroyable envie de poser ma main sur son poil pour le caresser, mais j'ai trop peur qu'il n'apprécie pas et que cela lui coupe l'envie de recommencer. Un instant plus tard, il relève un peu la tête, bâille en me regardant et la repose sur ma cuisse contre laquelle ma main était posée. J'en profite pour lui caresser un peu la joue avec mon pouce. Il semble apprécier. Je retire doucement ma main pour la poser sur son dos. Je le caresse longuement en observant ses réactions. Il se détend, ferme les yeux. Quelquefois, ses muscles tremblent un peu, mais il faut comprendre que c'est un animal qui ignore totalement ce qu'est une caresse humaine, c'est donc une réaction tout à fait normale. Je tremble un peu, pour moi aussi c'est une première. La tension musculaire s'atténue au fur et à mesure que je le caresse et il finit par s'endormir paisiblement. À certains moments, il gémit un peu, grogne ou donne de tout petits coups de patte. Il est certainement en train de rêver. Manifestement, il dort profondément,

Portrait de Chévi. Les chevreuils sont des onguligrades, ils marchent sur leurs ongles, tranchants comme une lame de rasoir. Une fois, Chévi, pour me faire un câlin, monta sur mes chaussures afin d'atteindre mon visage. Il transperça ma chaussure et me blessa le pied.

car je sens le poids de son corps se faire de plus en plus lourd contre moi. Le chevreuil n'est pas un animal connu pour son sens du contact. Néanmoins, lorsque deux individus s'apprécient, il n'est pas rare de les voir se toiletter mutuellement. Les démonstrations d'affection sont même récurrentes, et ce, à n'importe quelle période de l'année. Sans parler de la saison des amours durant laquelle les câlins sont bien plus fréquents, puisqu'il s'agit au final de « faire la cour » à sa dulcinée. Mon ami à moi en tout cas semble apprécier mes caresses et je suis ravi de lui en donner.

Nous profitons toujours de cette paisible matinée, les abeilles virevoltent au-dessus de nos têtes et butinent les quelques fleurs éparpillées dans la prairie. Pas un bruit ne vient perturber la plénitude de ce moment. J'en profite pour regarder un peu l'horizon, car la vie en forêt ne permet jamais de voir à plus de vingt ou trente mètres. Ça fait du bien de « respirer ». Soudain, au loin, j'aperçois des promeneurs. Ils marchent dans notre direction, mais je ne leur porte aucune attention particulière. Ils sont sur un chemin de randonnée et nous sommes cachés grâce aux herbes hautes. Quelques instants après, je prends conscience qu'ils coupent par la prairie dans laquelle nous nous trouvons, ils se dirigent droit sur nous tandis que Daguet dort toujours paisiblement. Ils arrivent maintenant à notre hauteur. Un homme et une femme d'une cinquantaine d'années qui progressent d'un pas régulier, sans un mot, sans un bruit, un bâton à la main. Daguet dort toujours. Je m'apprête à me lever brusquement, dès que Daguet se rendra enfin compte de l'odeur suspecte ou lèvera une paupière en entendant ces gens passer, mais rien, absolument rien ! Il dort à « sabots fermés ». Les deux randonneurs me lancent un « bonjour » en passant, que je leur rends. Ils m'esquissent un sourire puis s'éloignent en continuant leur chemin. Je n'en reviens pas ! Sur mes genoux, j'ai un chevreuil que je caresse – Daguet, qui ne bouge pas d'un poil tellement il se sent bien contre moi – et les promeneurs, eux, ont sûrement cru que c'était mon chien. Je suis si-dé-ré !

Un quart d'heure plus tard, mon Beau au bois dormant se réveille, comme une fleur. Il scrute un peu le paysage, se passe un coup de langue sur le museau, renifle l'air ambiant et se lève. Il s'étire de tout son long, s'ébroue puis se lèche le poil, comme si rien ne s'était passé et apparemment, pour lui, rien ne s'est passé. J'imagine qu'il se sent en confiance avec moi et qu'il a pu se lâcher un peu, dormir sans se soucier de rien, laisser de côté sa vigilance en faisant confiance à un ami et abandonner un instant cette lourde charge qu'est celle de rester en vie.

– Sache que c'est un honneur pour moi, mon ami, de veiller sur toi.

9

Nous quittons la clairière, Daguet et moi, pour nous enfoncer dans le bois. Pendant qu'il mange quelques mûres en lisière, je m'éclipse le plus discrètement possible pour ne pas qu'il me suive, direction le territoire de Sipointe. Afin d'éviter tout malentendu, je fais toujours en sorte que Daguet et Sipointe ne se croisent pas. Au détour d'une coulée, je croise Étoile qui est suivie de Chévi et je me dis que ce serait une bonne occasion pour moi de me faire apprivoiser par ce petit bout de faon. Voilà trois mois que Chévi est né, il est maintenant sevré et continuera à apprendre de sa maman jusqu'à la fin de l'hiver. Il est en pleine forme et cela me rassure, car vivre dans un environnement hostile demande une certaine robustesse. D'ailleurs, un grand nombre de faons ne passent pas la première année. En forêt, tout peut arriver. Des parasites internes, tels le ver du poumon ou la douve du foie, et des parasites externes, tels le pou mordeur, la mouche des naseaux, le lipoptène, voire dans quelques rares cas l'hypodermose du cervidé, ou même tout simplement un temps froid très humide peuvent affaiblir l'état de santé du jeune chevreuil et parfois le conduire à la mort. Bien sûr, la découverte des petits corps sans vie provoque toujours en moi une grande tristesse. Cela étant, je considère cette mortalité comme une régulation naturelle de l'espèce qui permet de conserver l'équilibre sylvestre, pour peu qu'on laisse la nature faire son travail jusqu'au bout, sans jamais intervenir.

Avec Chévi, les quelques fois où l'on s'est croisés, je n'ai jamais tenté la moindre approche. C'était trop dangereux pour lui, car il pouvait encore confondre mon odeur avec celle de sa mère, et cette dernière l'aurait sans doute abandonné. Je crois que me laisser apprivoiser par Chévi va être une vraie partie de plaisir. Sa mère me fait confiance, son père me connaît très bien et comme c'est un jeune animal qui n'a aucun a priori sur le monde, il ne verra aucun inconvénient à ce que je m'approche de lui. Quelle belle illusion ! Je m'avance vers Étoile, qui me fait confiance. Elle ne me dit rien. Chévi est couché à quelques pas d'elle, calme et serein. Il observe tout, s'intrigue de tout mais juste par amusement, car il accorde encore, en tout cas c'est ce que je pense, toute confiance à sa mère. Je m'approche tout doucement et m'assieds à quelques mètres devant lui. Il me regarde fixement, les oreilles droites, pointées dans ma direction, et jette quelques regards furtifs vers sa maman pour observer ses réactions, mais elle ne dit toujours rien, elle ne nous regarde même pas. Avec ses deux grandes oreilles hypersensibles qui s'orientent dans toutes les directions indépendamment l'une de l'autre, il réagit au moindre son suspect ou inhabituel et est immédiatement sur le qui-vive. Il apprendra avec le temps à faire la différence entre les bruits habituels et les sons dangereux. Par exemple, le bruit d'un tracteur ou celui d'une tronçonneuse qui hurle en coupant des arbres seront classés parmi les bruits « innocents », puisqu'ils font partie de son environnement sonore quotidien, alors que le craquement d'une brindille lorsque tout est silencieux provoquera inévitablement un état d'alerte maximal.

Chévi hume l'air et semble prendre peur, puis il se lève pour rejoindre sa maman d'un pas pressé. Sur son arrière-train, les poils de son miroir se hérissent, conséquence directe de son inquiétude grandissante. En effet, la contraction des muscles sous-cutanés entourant les poils du fessier forme un signal d'alarme d'une blancheur immaculée et permet à une famille de rester en groupe en cas de poursuite d'un prédateur qui, lui, voit une jolie tache blanche s'enfoncer dans la forêt jusqu'à ce que le chevreuil vire de bord et là... plus de tache blanche ! Bonne diversion. Des glandes odoriférantes envoient en même temps dans l'air une substance pour avertir de la présence d'un danger imminent les autres chevreuils qui viendraient à se promener dans les environs. Je marche assez loin de lui, car il trotte

Le parfum des anémones. Poison violent pour les autres herbivores, les anémones sylvies sont mangées en quantité par les chevreuils au printemps. Comme ils sont dépourvus de vésicule biliaire, le poison n'a aucun effet sur eux, sauf celui de prévenir certaines maladies.

rapidement et part dans toutes les directions en sautillant. Étoile se retourne de temps à autre pour voir d'où vient le brouhaha, nous regarde puis se remet à marcher. Chévi se colle à la cuisse de sa maman comme si un danger mortel le guettait, chouine un peu et lui lance de petits regards, comme pour dire : « Tu ne vois pas cette chose étrange et immense qui nous suit depuis tout à l'heure ? » Même si Étoile ne semble pas prêter une attention particulière à son angoisse (elle sait que je ne suis pas dangereux), Chévi dégage une telle anxiété qu'il la communique un peu à sa mère, un brin nerveuse maintenant. Je m'aperçois que Chévi porte en lui une peur instinctive de l'humain et d'autres animaux comme les sangliers et même les écureuils. Rien ne pourra le faire changer d'avis, même pas sa mère, ou peut-être lui faudra-t-il du temps pour qu'il comprenne que je suis inoffensif.

Un instant plus tard, alors que je suis à côté d'Étoile et que je ne voulais même plus m'approcher de lui (je l'avais perdu de vue), le voilà qui part en courant comme une balle. Sans réfléchir, Étoile court derrière lui, pensant peut-être qu'il fuit une menace. Je ne réfléchis pas non plus et la suis. Lorsque nous arrivons près de Chévi, voilà qu'il se remet à courir à toute vitesse. Étoile le suit de nouveau et moi de même. C'est à n'y rien comprendre. Il n'y a rien, absolument aucun danger ! Tout est calme et paisible. Le petit jeu recommence plusieurs fois de suite et inquiète Étoile. Plus nous courons, plus il stresse, plus sa mère s'angoisse, et l'énervement devient palpable en chacun de nous. Je le laisse alors courir et s'éloigner un peu pour faire baisser la tension. Il s'arrête, attend sa maman et se calme. Je les laisse partir sans insister, car je ne veux pas l'épuiser inutilement ni créer un bouclier mental qui l'empêcherait plus tard de vivre avec moi. Je me rends compte que les faons, même très jeunes, ne font confiance à leur mère que durant les premières semaines et que leur individualisme et leur « libre arbitre » croissent au fur et à mesure qu'ils grandissent. Chévi ne se contente pas de mimer sa maman, il apprend à écouter et à observer, guidé par son propre instinct. Il voit bien que sa maman me fait confiance, mais il ne peut le comprendre pour l'instant, cela lui fait peur. Il n'analyse pas encore les différentes postures que je peux adopter devant lui, car il n'a comme point de comparaison aucune expérience avec d'autres humains sportifs, promeneurs, chasseurs ou bûcherons, au contraire de ses aînés. Son instinct de survie prend le dessus et, débordé par les émotions, il prend la fuite. J'abandonne donc l'idée de m'en faire un ami, car il est trop « sauvage » pour l'instant. Avec le temps, peut-être m'acceptera-t-il, comme le font déjà son père et sa mère ; on verra !

10

L'automne s'est installé sur la forêt et a paré les feuilles des arbres de mille couleurs, du jaune pâle au rouge foncé. Quand arrive cette saison, j'aime toujours me remémorer cette ancienne légende indienne des Hurons-Wendats, chez qui le nom divin du chevreuil est Dehenyanteh, ce qui signifie « celui pour lequel l'arc-en-ciel a fait un chemin de couleurs » (selon *Les Hurons-Wendats : Une civilisation méconnue*, Georges E. Sioui, Presses université Laval, 1994, et « Religious Conceptions of the Modern Hurons », *The Mississippi Valley Historical Review*, William E. Connelley, Oxford University Press pour le nom de Organization of American Historians, 1922).

Envieux de la Petite Tortue, la gardienne du ciel, le Chevreuil désirait quitter la Grande Île et, plus que tout, il voulait avoir accès au grand ciel bleu. Pour réaliser son ambition, il consulta l'Oiseau-Tonnerre qui lui conseilla de monter au ciel en utilisant un arc-en-ciel. Alors, le Chevreuil attendit le printemps et, suite à la première pluie envoyée par Hinon, il emprunta le chemin tracé par l'arc-en-ciel. Ainsi, il se retrouva rapidement au ciel, où il fut libre de courir à sa guise. Au même moment, réunis en conseil, les animaux cherchèrent le Chevreuil. Le Loup fouilla les bois, alors que le Faucon scruta l'azur. C'est alors que tous virent le Chevreuil gambadant avec grande agilité. Les animaux décidèrent de se rendre au ciel en empruntant le pont de toutes les couleurs. L'Ours reprocha au Chevreuil de penser uniquement à lui et d'oublier tous les autres animaux de la Grande Île. Faisant fi de tout reproche, le Chevreuil provoqua l'Ours en duel. Le combat s'engagea sur le champ. Rapide comme l'éclair, le Chevreuil piqua l'Ours de ses bois pointus. L'Ours était mortellement atteint et le sang s'écoula avec abondance de ses plaies. Le sang ruissela jusque sur la Grande Île, où les feuilles des arbres se teintèrent de la couleur du sang de l'animal. Depuis, chaque année, lorsque revient l'automne, la nature commémore le combat du Chevreuil et de l'Ours, et le feuillage des arbres devient rouge.

Selon la tradition, les beautés de l'automne, lorsque la nature meurt, sont source de nostalgie pour les âmes des disparus qui se remémorent leur ancienne demeure terrestre. Même les dieux reviennent habiter la Grande Île, car l'automne est un temps pour l'esprit. En cette saison, les Pléiades, les étoiles les plus belles, quittent leur pays céleste pour venir habiter le ciel de la Grande Île.

En attendant, les équinoxes sont passés et, au fur

et à mesure que la saison avance, les nuits s'allongent jusqu'à atteindre le solstice d'hiver. Par la fraîcheur du matin, je grignote des châtaignes que j'ai grillées hier soir au feu de bois. J'en ai fait suffisamment pour en manger quand je le souhaite, comme des snacks. Il ne faut quand même pas trop tarder à les consommer, car elles risquent de pourrir, avec cette fichue humidité ambiante qui ne nous quitte plus depuis une bonne semaine. J'ai fait sécher les dernières sur un lit de braises que je vais continuer d'alimenter pendant quelques jours. Je les rangerai ensuite dans un sac hermétique afin de les conserver pour plus tard.

Traverser l'hiver demande de la rigueur. Le plus important, c'est de se ménager des solutions pour pouvoir lutter contre le froid à n'importe quel moment du jour ou de la nuit, n'importe où dans la forêt. Pour cela, je ne connais qu'une méthode : constituer de petites réserves de bois mort, composées de brindilles, sapinettes, écorce et pommes de pin, disséminées un peu partout. Pour la nourriture, j'ai maintenant une bonne connaissance du terrain. Même au cœur de l'hiver, on trouve de quoi survivre : des racines, quelques tubercules, des carottes sauvages. Pour les sources de protéines, je fais des réserves de noisettes.

Hélas, même si je caresse l'espoir de m'en passer un jour, j'éprouve encore le besoin de garder un lien avec le monde des hommes. De temps à autre, je retourne chez moi, ou plutôt chez mes parents, pour faire le plein de calories et de chaleur. Mais depuis quelques mois, j'éprouve une sensation étrange en foulant le sol en béton. C'est dur, froid et parfaitement plat. Je n'ai plus l'habitude. Je mange un bol de fromage blanc avec des céréales et beaucoup de sucre. Pendant que je recharge les piles de mon appareil photo, je suis assailli d'odeurs. L'odeur du frigo, l'odeur de javel, de chauffage, de moquette, de vêtements, propres ou sales, l'odeur des gens tout simplement qui vivent dans cette maison. Avant de repartir, je glisse toujours dans mon sac quelques paquets de pâtes, des boîtes de thon et des sardines à l'huile. Enfin, il m'arrive de me rendre dans un magasin pour acheter les deux éléments indispensables à ma survie : les sacs hermétiques pour conserver la nourriture et les allumettes pour faire du feu.

J'aime me promener à l'aube et profiter du lever du soleil lorsqu'il se montre. Mais ce matin il fait grève, les nuages s'amoncellent sur le fond de la vallée. Depuis le pré dans lequel je me trouve, je distingue à peine le clocher de l'église du village en contrebas. L'herbe est fraîche et les vaches qui y paissent semblent apprécier cette nourriture au goût monotone. Je m'adosse à un piquet de fils barbelés sur lesquels de magnifiques épeires ont tissé des toiles où la rosée a déposé comme de petites perles. Je me sens bien ici, à regarder le monde s'éveiller. Des lapereaux jouent à se poursuivre puis coursent leur mère. Ils se mettent à trois ou quatre pour essayer de la renverser, atteindre les mamelles et boire le

Brouillard. L'hiver n'est pas la saison la plus difficile. Le corps s'habitue au froid. En revanche, les pluies fréquentes au printemps et en automne m'obligeaient à porter une attention particulière à mes vêtements. Lorsqu'ils étaient mouillés, je les essorais puis soufflais de l'air à l'intérieur pour que les fibres se regonflent et redeviennent « étanches ».

lait qu'elle ne leur donnera certainement plus. Un blaireau remonte le chemin caillouteux en grognant et soufflant. Je suis rassuré de le voir ainsi, car, de nature, les blaireaux sont toujours bourrus et ne semblent jamais satisfaits, mais surtout, la route en bas de la vallée étant particulièrement meurtrière pour eux, j'espère toujours qu'ils reviendront en vie de leur petite balade. C'est quand même dommage de se faire écraser après une bonne nuit de chasse par un automobiliste énervé d'aller au travail. Les pinsons ne chantent pas ce matin, ils sifflent la chanson de la pluie qui arrivera bientôt. Je trouve leur chant si triste pour des oiseaux d'ordinaire si joyeux ! Et les mésanges qui se mettent à les imiter, c'est déprimant !

Le brouillard s'épaissit, on ne distingue plus très bien la lisière de la forêt. J'aperçois un renard charbonnier, ou plutôt une renarde que je connais très bien pour l'avoir croisée plusieurs fois avec Daguet. Je l'ai appelée Térylle, elle est magnifique. Son poitrail est d'un blanc somptueux qui tranche avec ses petites pattes grisâtres. Sa queue toujours alignée avec son corps est d'une volupté majestueuse. C'est vraiment une belle renarde. Elle longe la clôture qui borde la forêt, s'arrête un petit instant et semble réfléchir. Je ne bouge pas, car je ne veux pas qu'elle me voie. J'aime l'observer « au naturel ». Elle renifle l'air dans toutes les directions, baisse la tête, commence à traverser le pré, s'immobilise et regarde les vaches. Vu leur taille, elles n'ont rien à craindre, les veaux non plus. Elle aborde une première vache qui tente de lui mettre un petit coup de patte arrière en passant. Elle se dirige vers la suivante. Son petit jeu m'intrigue. Une vache couchée et un peu endormie semble ne pas prêter attention à Térylle qui s'approche doucement. Elle ne la chasse pas, son attitude n'est pas menaçante. Elle s'assied devant la vache et l'observe. Le bovin regarde la renarde d'un air un peu idiot et continue de ruminer les yeux mi-clos. Térylle fait un petit pas, puis un autre, et recule brusquement. Elle recommence. Un petit pas, deux petits pas, et un bond en arrière. Elle recommence ce petit jeu plusieurs fois. À chaque fois elle observe attentivement les réactions de la vache qui ne bouge toujours pas d'un poil. Elle s'approche alors des pis gonflés puis se met à lécher le lait qui suinte, sans que la vache réagisse. Térylle s'arrête un instant, jette un regard un peu craintif vers la vache, mais toujours pas la moindre réaction.

Je suis abasourdi. Une renarde vient de me montrer ce à quoi j'aurais dû penser depuis bien longtemps : boire du lait ! Rassasiée, Térylle disparaît à petites foulées dans le brouillard. Je me faufile à mon tour dans le troupeau pour essayer de trouver une vache qui veuille bien que je m'approche d'elle, sans me prendre un coup de patte dans le nez. J'en vois une qui pourrait faire l'affaire. Je m'accroupis devant elle et commence à la traire. Ses pis sont gonflés à bloc et les veines qui les irriguent sont énormes. Je pense que je vais la soulager un peu. Cela nous fera du bien à tous les deux. Quel bonheur ! mais quel bonheur de sentir le lait tiède couler dans ma gorge ! Il est gras et épais, naturellement sucré, je me réjouis de cet instant passé en compagnie des vaches.

Boire est un des bonheurs les plus intenses lorsqu'on vit en forêt, car l'eau potable n'est jamais disponible en grande quantité. Le plus dur n'est pas de la trouver, car les végétaux que je consomme le matin et le soir sont couverts de rosée et leurs feuilles composées en grande partie d'eau. Je bois en même temps que je mange, en quelque sorte. C'est d'ailleurs grâce à cela que les chevreuils peuvent boire jusqu'à trois litres d'eau par jour sans aller à un point d'eau. Mais la société de consommation nous a habitués à boire au verre ou à la bouteille une certaine quantité de liquide. Ainsi, lorsque l'on n'a plus accès à cette sensation d'avoir bu, la pépie se fait sentir au point de devenir franchement désagréable. Pour m'abreuver, il existe deux solutions : la première est, après une pluie, de filtrer avec une chaussette l'eau qui s'est accumulée dans un puits de sorcière – ces petites cavités naturelles que forment les arbres lorsqu'ils poussent en se scindant en deux ou trois troncs, il y en a plein dans les hêtraies. Filtrée, il suffit de la mettre dans ma gamelle puis de la faire bouillir avec un petit feu de bois. La deuxième solution est de faire deux kilomètres et demi à l'ouest de mon territoire. Une petite station de captage d'eau Véolia peu sécurisée, appelée « Val à Loup » et qui alimente les villages alentour, est équipée d'un robinet d'eau extérieur. Il sert usuellement aux agents de surveillance pour vérifier de temps en temps sa potabilité. Il est en « libre-service » derrière un grillage malmené par la forêt et le temps. J'ai juste à me faufiler dessous pour y accéder et ainsi remplir mes deux gourdes d'eau bien fraîche. Enfin, aujourd'hui j'ai découvert une troisième façon de me désaltérer. Et c'est la bouille pleine de lait que je repars chercher Daguet pour, je l'espère, poursuivre cette belle journée qui a si bien commencé.

À ce stade du récit, vous vous demandez certainement comment j'aborde les questions d'hygiène. D'abord, j'ai un atout non négligeable : je suis pratiquement imberbe. Une toilette régulière des pieds, aisselles, et parties génitales est donc amplement suffisante. Mais si je peine à trouver de quoi boire, quelle astuce ai-je mise en place pour pouvoir me laver ? Eh bien, il existe au beau milieu de la forêt un arbre remarquable que l'on appelle les « quatre frères ». Quatre magnifiques hêtres de quarante mètres de haut issus vraisemblablement de la repousse d'un arbre abattu, et qui ont grandi de manière parfaitement symétrique, comme des quadruplés, formant en leur centre un gros chaudron qui retient parfaitement bien l'eau de pluie. Cette réserve d'eau est largement suffisante pour ma petite toilette. Vous vous demandez sûrement de quoi j'ai l'air ? Les premiers mois, les insectes ne m'ont pas fait de cadeaux. J'étais mordu de partout. Mais avec le temps, la peau durcit et s'épaissit, la résistance au froid s'améliore. Résultat, je n'ai pas le moindre problème de peau. Quant à l'hygiène bucco-dentaire, ce n'est plus un problème puisque je ne mange plus de sucre. Je passe mon index sur mes dents avec un mélange d'eau et de cendre, et le tour est joué. Évidemment, ce petit cocktail n'a pas le goût d'un dentifrice de supermarché, mais comparé aux satisfactions gustatives de mon régime alimentaire depuis le début de cette aventure, ça n'a vraiment rien de choquant.

11

Par une longue et interminable nuit d'automne, je marche avec Étoile depuis quelques heures. Elle est seule et a sûrement laissé Chévi quelque part dans la hêtraie avec Sipointe et Daguet, qui se sont liés d'une amitié hivernale et avec qui j'ai passé les trois derniers jours. Il fait frais ce matin et un brouillard épais couvre le sous-bois. Pas un souffle de vent ne fait frissonner les dernières feuilles d'automne. Pas un bruit ne vient perturber le silence du matin. Dans la futaie en cours d'exploitation, les ronciers sont écrasés par les tracteurs et nous peinons à trouver un endroit dans lequel la boue n'a pas remplacé la pitance. Partout le sol glisse et je manque plusieurs fois de tomber dans les ornières. Depuis plusieurs jours il pleut sans discontinuer, ce qui fait déborder les mares et détrempe le sol. Il est de plus en plus difficile d'avancer sans s'enfoncer profondément à chaque pas.

Nous poursuivons notre promenade dans la forêt de pins, moins humide, dans laquelle nous passons l'après-midi. Étoile mange quelques chanterelles, je prends le reste et dispose les champignons au fond de ma gamelle. J'ai l'intention de les faire cuire ce soir au feu de bois. Je suis trempé, j'ai froid et un bon repas chaud avec une soupe de vieilles feuilles d'ortie et de feuilles de ronce aux champignons me fera le plus grand bien. En plus, le petit feu fera sécher mes vêtements qui en ont bien besoin. Étoile s'avance près d'un petit raidillon en bas duquel un chemin de coupe forestière sépare la pinède de la chênaie. Je me laisse distancer un peu, car je connais l'itinéraire et je sais surtout qu'avant de traverser ce chemin, il lui faudra quelques heures de réflexion, tellement elle est prudente. Je m'attarde à ramasser d'autres champignons.

À un moment donné, quelque chose d'étrange vibre sous mes pieds. J'ignore ce que c'est, je n'ai jamais ressenti cela. Un tremblement de terre en Normandie ? Impossible ! Soudain, un coup de fusil déchire le silence de la forêt. Aussitôt je cherche Étoile du regard. Paniquée, elle remonte sur l'arête du petit vallon qui surplombe la voie forestière pour tenter d'analyser la situation et savoir d'où venait le bruit. La terre sous mes pieds continue de vibrer de plus en plus fort quand j'aperçois alors dans un galop désorganisé une vingtaine de cerfs et de biches fonçant dans ma direction. Le temps de me cacher derrière un arbre, une biche me frôle, m'évitant de justesse. La harde affolée finit par s'éloigner. Un deuxième coup de fusil résonne et une balle effleure Étoile dans un vertige bref et hurlant. Elle se remet à courir, passe à côté de moi en aboyant, signalant par là même le danger imminent aux autres chevreuils : « Baaah !... Baaah !... Bah, bah, bah ! » Elle fuit de toutes ses forces. Mon sang ne fait qu'un tour, je lâche ma gamelle, et me lance à sa poursuite à travers la pinède. J'ai beaucoup de mal à la suivre, car les arbres sont serrés et les branches au sol tellement nombreuses qu'il m'est difficile de courir tout en regardant la direction qu'elle prend. Quelques secondes plus tard enfin, elle ralentit. Je la vois tituber un peu. Je m'approche d'elle essoufflé et essaye d'évaluer la gravité de sa blessure sans parvenir à la localiser. Au loin, j'entends un cor de chasse sonner quatre coups. C'est le signal du chevreuil. Les chiens de chasse, reconnaissables à leur grelot accroché à leur cou et à son tintement strident, sèment la terreur dans le sous-bois. Ils foncent vers nous. Étoile s'élance à nouveau et bondit du mieux qu'elle peut. Quelques centaines de mètres plus loin, elle se réfugie dans une zone sur laquelle poussent des prunelliers entrelacés parmi des noisetiers et des ronces, une forteresse quasi infranchissable. Je ne peux y pénétrer mais j'aperçois Étoile. Les chiens arrivent et devant ma posture debout et mon attitude agressive, passent leur chemin sans s'arrêter. Un instant plus tard, les chasseurs débarquent en poussant de grands cris, accompagnés par d'autres chiens tenus en laisse. Je dépose mon sac à dos à l'entrée de la coulée par laquelle Étoile s'est sauvée.

Jimmy. Jimmy était un ami fabuleux ; il pesait près d'une centaine de kilos. Piégés ensemble pendant une battue, nous avions sympathisé. Gobette, sa compagne, avait eu une patte arrachée par une balle et presque tous ses marcassins avaient été tués. Depuis, lorsqu'il voyait des chasseurs, Jimmy n'hésitait plus à leur foncer dessus.

Étant imprégné de mon odeur, il trompera le flair de ces chiens rabatteurs, du moins je l'espère. Je me cache dans un hallier juste en face. Ils passent, mon astuce fonctionne, et je sais qu'ils ne reviendront pas tout de suite. Par prudence, nous restons cachés encore une petite heure, le temps que la chasse s'éloigne définitivement. Je m'inquiète énormément pour mon amie. Dès que possible, le soir approchant, je retourne la voir. Ma pauvre Étoile... Elle est couchée devant moi à quelques mètres, mortellement blessée à la poitrine. Elle tremble et je ne peux toujours pas pénétrer dans sa cachette. Je lui parle, lui rappelant les bons moments que nous avons passés ensemble.

– Je te remercie, ma petite Étoile, pour tout ce que tu m'as apporté, tes connaissances, ton amitié, ton respect, ton amour.

– ...

J'essaye d'avoir une voix rassurante, mais je suis meurtri au plus profond de mon âme. Je sais qu'à cet endroit de son corps, la blessure est trop grave pour que je tente une quelconque intervention. Elle me regarde amicalement puis lève un peu la tête. Quelques rayons de soleil peinent à traverser le ciel et les parfums dans l'espace ne parviennent pas jusqu'à ses narines. Quelques oiseaux autour d'elle traversent l'air suave. Des larmes emplissent mes yeux. Et une forme de haine m'envahit, car je prends conscience qu'elle ne connaîtra jamais tous les bonheurs, toutes les joies que j'avais imaginés pour elle. Peu à peu, la vie se retire de son corps. Elle me regarde en poussant de petits cris, comme de petits sanglots avant de poser sa tête au sol. Étoile respire péniblement parmi les ondes du soir. Elle commence à sommeiller dans le jour immobile et gris. Sur le sol glacé et humide de l'automne gît mon amie.

– Oh, pardonne-moi, Étoile, je n'ai pas su te protéger. Je n'ai pas été assez fort. Pardonne-moi.

– ...

– Je te promets que je veillerai sur Chévi. Il n'a que cinq mois. Je vais m'occuper de lui pour qu'il grandisse, qu'il devienne fort et qu'il ait son territoire. Un beau territoire. Je te le promets, ma grande. Je te le promets.

Sa tristesse est là, sensible comme la tristesse des choses qui l'environnent. Nulle herbe ne bouge, aucune lueur nouvelle ne joue dans le brouillard qui se forme, pas la moindre senteur particulière ne traverse l'air froid et pourtant un abattement immense pèse sur la forêt. Elle est lasse, elle souffre, tout autour d'elle la désolation se répand comme un arôme de poison. Les nuages sur le ciel bas continuent de s'accumuler, rougeoyant à travers l'air livide de novembre. Mon amie ferme les yeux... Le soleil vient de se coucher. Mon Étoile s'est éteinte, mais elle brillera à jamais dans mon cœur et je l'espère, tout là-haut, dans le ciel de la Grande Île. Elle a vécu en opposant à la canicule des jours d'été, à l'obscurité des longues nuits d'hiver et à tous les événements auxquels elle s'est trouvée confrontée la même force et le même courage. Que ceux qui marchent en forêt et qui ont croisé un jour le regard d'un chevreuil songent un peu à ce que fut sa vie à elle, qu'une maudite balle a brisée par une journée d'automne qui avait pourtant si bien commencé. La vie sauvage est ainsi faite et dans cette nature que j'aime tant, à la fois si belle et si cruelle et dont les bois sont témoins, je me dis que si les arbres pouvaient pleurer, des rivières de larmes couleraient dans nos forêts.

Je reste là, devant le corps sans vie de mon amie pendant de longues minutes. Il faut que j'extirpe cette pauvre Étoile de son hallier. Je sais que les chasseurs vont la chercher. Ils savent qu'ils l'ont touchée ; ils partiront alors à sa recherche avec l'aide de chiens qu'ils appellent « chercheurs au sang » et pisteront sa trace jusqu'à ce qu'ils retrouvent son cadavre. Je prends dans mes bras mon amie pour l'enterrer très loin de là où la battue s'est déroulée et dans un endroit où personne, sans doute, ne pourra la trouver. Les vingt kilos que je porte sont trop lourds pour moi et me font faire des efforts considérables. Mes forces me lâchent, mais je ne veux pas que mon amie finisse dans un congélateur puis dans l'assiette d'un humain. Elle mérite mieux que cela. Elle s'appelait Étoile. Je prends sur moi et redouble d'efforts. Arrivé sur place, je commence à creuser la terre avec le couteau de survie que j'ai toujours sur moi et déblaye à la main, mais le sol est trop dur. Je ne parviens pas à entamer suffisamment la couche de craie et de silex pour faire un trou assez profond. Je dépose Étoile dans la demi-tranchée réalisée puis camoufle son corps par deux palissades que je fabrique avec des branches de sapin ficelées par de la cordelette en lin puis je les fais se chevaucher pour réaliser une sorte de petit toit, une sépulture discrète. Je recouvre le tout de terre, de mousses et de fougères en espérant que l'odeur de putréfaction du corps n'attirera pas un chien égaré dans les prochains jours.

Il pleut, je suis trempé, je grelotte, mais je veux rejoindre Sipointe, Daguet et ce pauvre Chévi, qui se retrouve désormais orphelin de sa maman. Je cherche toute la nuit et, au petit matin, je les trouve enfin. Eux aussi se sont enfuis lors la battue et je suis heureux de les retrouver en vie. Ils sont là, sains et saufs. Daguet et Chévi sont couchés. Sipointe, debout, relève la tête. Je ne sais pas si c'est mon émotion qui transparaît ou l'odeur du sang d'Étoile sur mes vêtements, mais il s'approche de moi, apeuré, tremblant, il me renifle quelques secondes et part en courant, en aboyant. L'émotion me gagne, je pleure. J'ai peur d'avoir perdu un ami. Peut-être va-t-il croire que c'est moi qui ai tué sa compagne ? Il est très certainement parti à sa recherche, mais je sais qu'il ne la retrouvera jamais, car Étoile n'est plus. Daguet et Chévi ne semblent pas être contrariés par ma présence, ni même par l'odeur pestilentielle que je commence certainement à dégager. Avec cette pluie qui ne cesse de tomber, le sang sur mes vêtements ne sèche pas et le sac à dos qui contient mes vêtements de rechange est enterré à plus d'un kilomètre d'ici. Je voudrais y aller, mais je ne veux pas laisser Daguet et Chévi seuls. La raison veut que j'aille chercher ce sac, mais je ne peux m'y résoudre.

Quelques heures plus tard, Sipointe est de retour. Il s'approche de moi, me regarde longuement, renifle mes vêtements en tournant autour de moi puis lèche mon pantalon ensanglanté. Je prends alors conscience qu'il a compris. Je ne sais pas comment, mais tout dans son attitude tend à me montrer que, maintenant, il sait. Ma tristesse se mêle alors à un sentiment de joie. Il ne m'en veut pas et notre amitié n'est pas atteinte. Nous passons la matinée ensemble avec le chagrin et la déprime que je communique certainement sans le vouloir au groupe, puis je décide tout de même d'aller chercher mon sac. Il est stupide de garder des vêtements sales et, de toute manière, cela ne changera pas les choses. Je lave mes affaires avec la pluie qui tombe toujours un peu. Je mets sur moi des vêtements secs et propres puis allume un petit feu pour manger une boîte de conserve et surtout faire sécher les anciens vêtements.

Je n'imaginais pas un jour éprouver autant de plaisir à manger les aliments d'une boîte de conserve réchauffée. Quand on n'a pas pris de repas depuis longtemps et que la faim se fait trop pressente, les sensations gustatives sont surprenantes. Tous les goûts sont exacerbés. Le sel, le sucre, le poivre, toutes ces saveurs éclatent en bouche comme un feu d'artifice. Sipointe et Chévi me rejoignent. La braise encore fumante laisse une bûche calcinée et ils se précipitent pour la manger. C'est un apport en carbone non négligeable et tellement rare dans la nature qu'ils ont l'air tout aussi satisfaits que moi. Sipointe, gourmand, penche un peu la tête au-dessus de la boîte de conserve, mais il n'aura que la sauce à lécher.

Nous passons le reste de la journée tous les trois. Sipointe semble toujours chercher sa compagne et Chévi pousse de petits sanglots semblables à de brefs couinements qui me retournent le cœur à chaque fois. J'ignore comment, mais Sipointe arrive à retrouver la trace d'Étoile. Il réalise le même parcours que nous avons fait la veille lors de la chasse puis revient sur ses traces et découvre la sépulture d'Étoile que j'ai construite. Il tourne autour avec Chévi qui reconnaît l'odeur de sa mère. Il émet de petits chuchotis, espérant sûrement que sa maman lui répondra. Je suis désolé de voir cela et bouleversé. La culpabilité m'étreint : je n'ai pas su la protéger. Au bout de quelques heures, nous repartons sans nous retourner. J'ai le sentiment qu'une page de notre histoire est tournée et je ne l'accepte pas. Les jours qui suivent, Sipointe et sa force de vie m'apprennent qu'il ne faut jamais regretter. Il faut se souvenir du meilleur des gens que l'on a connus sans jamais regretter. Il y a tellement de morts par jour dans la nature que l'on passerait son temps à pleurer si l'on s'arrêtait sur chaque épreuve. La vie continue. Par la suite, Sipointe prendra Chévi sous son aile. Le petit passera l'hiver et le printemps avec son père, plus présent encore qu'il ne l'était avant cette maudite journée.

12

Après la terrible épreuve de la perte de mon amie Étoile, je ne parviens pas à me résoudre à l'idée que la vie est ainsi faite. Malgré une longue méditation sur ma vision de l'existence, la réalité du terrain me force à accepter la perte des êtres les plus chers à mes yeux et mon cœur se calcifie d'émotions néfastes. Comment accepter la mort de mes amis sans rien faire ? Au plus profond de mon âme, la colère gronde. Régulièrement, nous vivons, mes amis et moi, des battues durant la saison hivernale et je m'aperçois que j'ai le même ressenti et les mêmes craintes que mes compagnons. Dès la mi-novembre, je vis dans une sorte de crainte perpétuelle que ne surgisse une fourgonnette sur un chemin forestier. Une barrière forestière qui grince et brise ainsi le silence matinal à une heure anormale éveille aussitôt mon instinct de survie. Des gens qui crient ou des chiens qui aboient au loin me font immédiatement penser à cette épée de Damoclès. Tous les jours à partir de l'automne, je prie pour que nous ne soyons pas à nouveau rattrapés par le tragique. J'ai beau me dire que la peur n'évite pas le danger, mes émotions sont encore trop fortes et je ne parviens pas encore à me débarrasser de ce poids qui pèse sur moi jusqu'au début du printemps, fin de la période de chasse. En vivant au cœur de la vie des chevreuils, je remarque qu'en dépit d'une apparente « gestion cynégétique maîtrisée », comme on dit dans la novlangue des chasseurs érudits, mes amis restent incompris et fort mal considérés. Dénombrés comme des arbres (au-delà de vingt têtes pour cent hectares, il faut les abattre) puis chassés en battues pour des prétextes de régulation de l'espèce et enfermés dans la forêt derrière des clôtures qui bordent la lisière afin de limiter les possibles « dégâts » qu'ils pourraient occasionner dans les champs cultivés, voilà qu'ils deviennent maintenant un « facteur accidentogène » le long des innombrables routes qui traversent leurs zones de vie. Cette façon de les voir tels que l'on voudrait qu'ils soient est trop simpliste, irréaliste et, osons le dire, inhumaine. Qu'ils vivent à la mer, à la montagne, dans les vallées ou sur de vastes plaines, les chevreuils arrivent à conquérir différents micro-habitats tels que les bosquets, les jardins, les vergers, les champs, et tout cela non pas grâce, mais à cause des contraintes de notre civilisation.

Le chevreuil est un animal extrêmement intelligent aux spécificités exceptionnelles, qui s'adapte à tout ou presque. La preuve, il a développé la capacité de vivre à proximité des humains, là où d'autres animaux sauvages confrontés à des conditions de vie similaires se sont raréfiés et ont parfois même disparu. La particularité de son mode de vie social, individualiste et grégaire à la fois, les talents qu'il déploie pour mettre à profit son environnement et optimiser son territoire, sa démographie, qu'il fait évoluer en fonction des changements temporels ou spatiaux apportés à son habitat grâce à un mode de reproduction unique chez les cervidés, tout cela lui apporte une adaptabilité écologique hors du commun. Cependant, notre volonté de contrôler les populations, ajoutée à notre urbanisation galopante, impose aux chevreuils un mode de vie fait de peurs constantes. Risquer d'être vus, traverser une route, manquer de nourriture, ne pas trouver de refuge et, bien sûr, mourir. Cet environnement anxiogène les contraint à faire des compromis entre tous ces dangers et le bénéfice qu'ils peuvent en dégager. Notre développement économique, notre démographie, la chasse ainsi que l'exploitation forestière d'aujourd'hui modifient en profondeur le comportement de mes amis et les font vivre dans un paysage de peur.

Après plusieurs battues, nous partons ailleurs pendant quelques jours nous mettre à l'abri et ne revenons sur le domaine vital qu'en pleine nuit. Les chevreuils deviennent anxieux, craintifs, voire angoissés durant les périodes de chasse. Les plus expérimentés comme Daguet ou Sipointe se mettent à observer le comportement des humains le long des voies forestières afin de savoir s'il y a danger ou pas. En effet, la régularité de passage de certains sportifs ou randonneurs devient un marqueur du danger. Ceux-ci ne pénètrent plus en forêt les jours de chasse. Leur absence devient donc une indication fiable de la présence de chasseurs. En quelque sorte, les chasses actuelles artificialisent le comportement des chevreuils. Mes amis bougent moins pendant la saison hivernale, apprennent par cœur chaque mètre carré de zone de vie et se fabriquent des zones refuges dans des halliers bien situés pour s'abriter lors des battues. Il est impossible de contrôler les populations sauvages, car « on ne commande à la nature qu'en lui obéissant » ! Et pour ce faire, il faut voir le chevreuil tel qu'il est et faire de ce merveilleux animal l'acteur de sa propre gestion.

Quand on « vit chevreuil », la chasse est un peu comme une tornade. On ne sait pas où elle va passer, les dégâts qu'elle va occasionner et il n'existe aucune mesure d'alerte préventive efficace. C'est pour toutes ces raisons que je décide d'enseigner à mes amis des astuces pour reconnaître et éviter les battues avant que celles-ci ne se déploient ! Pour débuter cet enseignement, je choisis Sipointe, un chevreuil intelligent, plein d'expérience et avec qui j'ai vécu quelques drames, dont la perte de sa compagne, Étoile.

Dans la vie d'un chevreuil, il y a des jours où l'on devient chef de file. En hiver, des groupes se forment, sans qu'un chef à proprement parler soit désigné. Néanmoins, une direction générale se dessine en fonction des caractères propres à chacun. Par une forme de consensus, un individu devient alors « chef de file ». Une sorte de référent qui détient le savoir nécessaire, l'expérience. Et cette connaissance ne pourra pas être discutée, car elle sera mise au service de l'ensemble des chevreuils du groupe. Celui qui hérite de cette responsabilité est généralement le plus expérimenté pour protéger le groupe et le plus apte à remplir les estomacs, car il connaît les meilleures zones de gagnage.

Les chevreuils qui composent un groupe ont tous en commun d'être interdépendants. Ils sont à la fois profondément autonomes et très dépendants les uns des autres, et chacun remplit son rôle de façon individuelle. La vie devient plus instinctive et en lien direct avec la nature. Les échanges d'informations se font d'un chevreuil à l'autre, mais la première des préoccupations est de rester en vie et de s'occuper de son équilibre propre. Il n'y a ni individus inférieurs ni individus esclaves. Chaque chevreuil est un individu à part entière, qui fait des choix, et la somme de ces choix individuels permet la cohésion de la troupe.

Alors que je partage un moment avec Sipointe, Laflèche et Velours, un jeune brocard avec qui je commence tout juste à faire connaissance, quatre fourgonnettes roulant à faible allure passent devant nous, sur un chemin de coupe. De si bonne heure, il

Chévi et Fougère sur le chemin de la Crutte. La traversée d'un chemin est toujours délicate. Il ne faut pas se mettre à la vue ni au vent d'un prédateur. Les indices sonores et olfactifs aident à ressentir l'ambiance générale de la forêt. Mais attention, une forêt calme n'est pas une forêt sans danger.

ne peut pas s'agir d'une simple opération de bûcheronnage. Une battue se prépare. Il se trouve que ce jour-là, je suis chef de file, et cela m'arrange bien. Mes trois compagnons se reposent et ruminent dans le sous-bois. Je décide alors d'emmener tout le monde dans la parcelle de pins pour que chaque chuchotis que je fais soit pris en compte et que mon odeur corporelle ne soit pas trop diluée par le vent. Je sais par expérience que les chevreuils sont sensibles à nos humeurs et plus particulièrement à l'odeur de nos humeurs. En effet, lorsque l'on est agressif ou stressé, notre odeur corporelle est plutôt acide, comme celle d'un oignon, tandis qu'une humeur joyeuse ou paisible dégagera des arômes sucrés, subtils, comme ceux d'une pâtisserie gourmande. L'attitude également joue un grand rôle. Si je tourne en rond en grattant un peu le sol en soufflant et en regardant l'horizon de tous côtés, cela traduit plus clairement une inquiétude que si je me pose par terre en tailleur en bâillant ou en glanant quelques feuilles. Tout cela, les faons apprennent à le détecter avec leur mère ou leurs aînés dès le plus jeune âge. Il ne me reste plus qu'à faire en sorte qu'ils comprennent ce que j'ai à leur dire !

Je n'ai pas beaucoup de temps avant que la battue se mette en place. Je remarque que les chasseurs ont laissé leurs véhicules avec leur matériel sans surveillance en haut d'un rond de chasse. C'est là qu'autrefois les veneurs se regroupaient lors des chasses à courre. Pendant que les hommes se postent à intervalles réguliers le long des chemins pour la battue, j'emmène Sipointe près d'une fourgonnette afin de lui faire renifler les odeurs de la poudre et de la « mort » d'autres animaux tombés lors des chasses précédentes. Je perds en route Velours et Laflèche qui, je les comprends, ont très peur. Je fais respirer à Sipointe le parfum d'un blouson enduit de téflon posé sur le rétroviseur d'un 4×4 et lui fais comprendre mon inquiétude, ma peur. Les effluves de transpiration que je dégage en raison du stress suffisent à lui faire comprendre le danger. Je veux lui faire associer cette odeur à la chasse. Nous passons ensuite près d'un mirador sur lequel je monte puis redescends plusieurs fois en poussant de petits cris réguliers, comme le font les jeunes pour appeler « maman » lorsqu'ils sont inquiets. Je veux qu'il assimile le fait qu'un humain peut se situer au-dessus de sa tête et que c'est inquiétant. En effet, les chevreuils ne pensent pas toujours à regarder en l'air lorsqu'ils marchent, les odeurs ne descendent pas jusqu'à leurs narines et ils se font abattre sans même savoir qu'ils sont chassés. Je rentre dans la parcelle à une vingtaine de mètres du chemin que nous longeons maintenant. Je lui montre à travers les fougères fanées les hommes postés à l'orée du bois, assis sur leurs petits strapontins avec leurs fusils. Sipointe est collé à moi et je sens son cœur battre très fort contre mon épaule. Il m'observe, me renifle, regarde avec inquiétude cette étrange préparation qui se déploie sous nos yeux. Son miroir est hérissé, ce qui me confirme qu'il prend conscience du danger.

Un quart d'heure plus tard, la battue commence et nous sommes toujours postés devant les tireurs. La végétation étant très haute, nous avons l'avantage de voir sans être vus. Un sanglier déboule à trente mètres de nous à droite. Il descend le petit vallon. Un premier coup de fusil retentit, puis un deuxième. J'aboie faiblement en imitant le signal de danger. Nous partons rapidement à travers les ronciers pour remonter nous mettre à l'abri. Le cri des chasseurs fait monter encore un peu plus notre rythme cardiaque. Sipointe commence à se détacher de moi, il veut prendre la fuite. J'aboie alors deux fois dans sa direction, ce qui chez les chevrettes signifie : on reste groupé. Il s'arrête rapidement et décide de me faire confiance. Je peux enfin lui dévoiler la clé de voûte de mon plan anti-battue. Je pars en courant dans une zone forestière sur laquelle les chasseurs n'ont, en principe, pas le droit de pénétrer. Il me suit et cela m'emplit de joie. Ici, il n'a rien à craindre et je montre par mon odeur que je me sens beaucoup mieux, que je suis rassuré. Je m'assieds et me détends. Nous restons là un moment à l'abri à attendre que ça passe. Je suis surpris de la confiance que Sipointe me témoigne. Il n'a quasiment pas écouté son instinct et a décidé de donner du crédit à tout ce que je lui proposais. J'ai de la chance d'avoir un ami comme lui. Quelques heures plus tard, nous entendons au loin les chasseurs qui se retirent. Les cors de chasse sonnent le glas et nous restons l'après-midi au calme. À la nuit tombée, ma journée de chef de file s'achève, Sipointe s'en va retrouver les siens. Nous recherchons les « survivants », en espérant que mes amis sont toujours en vie. Aujourd'hui, deux chevreuils ont trouvé la mort avec huit sangliers et cinq biches. Cela m'attriste profondément. J'espère que Sipointe a compris mon message et qu'il reproduira le schéma de survie que je lui ai appris la prochaine fois.

Quelques semaines plus tard, lors d'une battue surprise, je me rends compte avec bonheur que Sipointe a très bien compris. Il a bien entendu les fourgons, senti l'ambiance néfaste des chiens qui aboient, l'odeur de la poudre et tous ces éléments qui rendent une journée aussi triste. À mon grand étonnement, je m'aperçois qu'il emmène Chévi, Laflèche, Daguet et d'autres chevreuils dans la zone Natura 2000 que je lui avais montrée. Je sais que Sipointe est un chevreuil intelligent et audacieux, mais je n'imaginais pas qu'il aurait cette capacité à transmettre son savoir aux autres chevreuils. Aujourd'hui, les chasseurs ont fait chou blanc côté chevreuils et j'en suis fier.

13

Cet hiver, je ne suis sorti de ma forêt qu'à trois reprises. D'abord parce que les retours à la civilisation ne sont plus du tout rentables. Cinq kilomètres de marche pour un bol de fromage blanc avec une poignée de muesli, ce n'est pas cohérent. Lorsqu'on cherche à optimiser ses chances de survie, on ne peut pas se permettre le luxe de gaspiller de l'énergie, même si l'idée de passer quelques heures au chaud est toujours séduisante. Par ailleurs, je n'ai plus besoin de me ravitailler aussi fréquemment qu'au début de l'aventure. Je sais gérer mes réserves de bois mort et de fruits secs, et je ne ressens plus du tout l'angoisse du manque. Désormais, dès les premiers froids, mon métabolisme se met au ralenti pour s'adapter à ces trois mois de disette. Je bouge moins, je mange moins, et mes réserves de nourriture industrielle sont devenues presque inutiles. Enfin, sous les attaques incessantes du froid et de l'humidité, mes piles rechargeables ont rendu l'âme, déversant leur contenu toxique dans l'appareil photo. J'ai donc fait une croix sur mes activités de photographe. Une seule raison finalement me pousse encore à faire ces allers-retours entre la forêt et le monde des hommes : le ravitaillement en allumettes. Impossible de passer l'hiver sans feu, au risque de mourir de froid.

Heureusement, le printemps est là ! La nature se réveille et une forme de joie envahit tous les êtres vivants dans la forêt. À la première montée de sève, au premier bourgeon qui éclôt, une présence invisible nous pénètre. Tout le monde est heureux de revivre. Les oiseaux chantent différemment, les bruits dans la forêt sont plus ouverts. On se croise entre espèces différentes. C'est comme si toute la nature se disait « bonjour ». Je me promène au milieu de la forêt dans laquelle Daguet a l'habitude de dormir. J'en profite pour récupérer la sève de plusieurs bouleaux. À l'aide d'une vrille, j'ai fait un petit trou d'un centimètre de profondeur à une vingtaine de centimètres du sol. J'y ai implanté une petite paille qui permet à la sève de s'écouler dans une gourde ficelée juste en dessous. Si le bouleau est gros et généreux, je peux remplir un bon litre en une nuit seulement. Ce jus est délicieusement sucré pour qui a perdu l'habitude d'ingurgiter les doses gargantuesques de sucre raffiné que l'on trouve dans la nourriture de supermarché. Cette boisson m'apporte tous les minéraux essentiels dont j'ai cruellement manqué cet hiver. Un litre de jus me redonne une forme et un tonus incroyables pour la journée. J'aime également lécher la sève des pins qui coule le long des troncs. Cela apporte un peu plus de sucre, et mélangé à la sève de bouleau, je trouve le goût étonnant, d'une fraîcheur printanière. Cela dit, il faut faire vite, car dès que les premières feuilles apparaissent au sommet de l'arbre, la sève cesse de couler.

Je continue ma tournée matinale et je croise enfin Daguet, manifestement bien embarrassé, car Chévi, âgé d'un an maintenant, marque son premier territoire et semble ne pas avoir compris les règles du jeu. Depuis quelques semaines, Fougère, la petite sœur de Daguet qui est née peu de temps après Chévi, se promène sur le territoire de Daguet, qui n'est autre qu'un territoire annexe de leur mère. Fougère se retrouve ainsi sous la protection de son grand frère. Seulement, Chévi est visiblement tombé amoureux de la jeune demoiselle et empiète sur le territoire de ce pauvre Daguet. Ce n'est pas faute de l'avoir mis dehors à plusieurs reprises, mais Chévi est tellement amoureux qu'il revient à chaque fois. Et parfois même, c'est Fougère qui l'attire sur sa zone de vie, donc sur le territoire de Daguet. Tout semble très compliqué, l'avenir sentimental de Chévi et Fougère paraît compromis. C'est sans compter sur le grand cœur de Daguet qui, voyant son inefficacité à bouter Chévi hors des limites de son territoire, le laisse finalement courtiser sa sœur en même temps qu'il le protège des concurrents potentiels.

Je contemple cette scène de vie quotidienne quand soudain Chévi, intrigué par ma présence, s'approche doucement, me renifle et tourne autour de moi. Je tourne également sur moi-même en même temps pour continuer à l'observer sans me tordre le cou. Depuis quelque temps, il accepte que je marche derrière lui, mais à une vingtaine de mètres seulement. Je me dis alors que c'est peut-être le moment d'aller plus loin. Peut-être est-ce pour lui le bon jour. Qu'il est prêt. Trois quarts d'heure se sont écoulés et Chévi s'est mis à manger autour de moi le tapis de bruyères. Il me fixe de longues minutes avec ses grands yeux noirs et brillants. Le chevreuil n'utilise pas la vue autant que son cousin le cerf pour percevoir le mouvement, toutefois ses yeux un peu exorbités ainsi que son long cou flexible lui permettent d'obtenir une excellente vue panoramique de son environnement. La structure de son œil est constituée quasi exclusivement de bâtonnets, cellules qui envoient au cerveau des images en noir et blanc, et de rares cônes dispersés qui jouent un rôle dans la vision chromatique. C'est pourquoi Chévi voit plus facilement des teintes proches du gris que la couleur elle-même. Cette particularité anatomique lui permet au crépuscule d'avoir une plus grande acuité visuelle et de détecter plus rapidement les mouvements.

Un faisan de Colchide passe élégamment à une dizaine de mètres. Chévi, apparemment impressionné par le gallinacé, s'éloigne un peu du volatile et se rapproche de moi. Il m'observe pendant de longues minutes, sans bouger, hume l'air autour de lui, baisse un peu la tête pour mieux capter mon odeur et comprend que la distance entre lui et moi est vraiment très courte. Cela dit, il est intelligent et remarque certainement que, malgré la proximité, je ne lui ai pas sauté dessus. Par prudence, il s'éloigne un peu d'un pas très assuré, d'une démarche que je nomme le « sabot planté ». Une démarche typique des chevreuils qui, lorsqu'ils sont curieux et s'approchent ou s'éloignent d'un sujet, leur donne une allure fière, avec leur corps élancé et leurs mouvements au ralenti, d'une grâce inouïe, presque noble ; on dit qu'ils piaffent. La patte avant monte haut jusqu'à l'épaule puis se tend à l'extrême avant de se planter assurément dans le sol. J'en profite pour me relever. Il retourne voir Daguet, hoche la tête et lui présente ses bois pour l'inviter au combat. Il semble fort et invincible avec ses deux petits bois qui, dépourvus d'andouillers, ressemblent à des cornes de chèvre. Il racle le sol de sa patte avant dans un nuage de poussière. Daguet se prête au jeu et, au moment où Chévi baisse la tête, il aboie si fort contre le petit que celui-ci bondit en arrière, court sur une vingtaine de mètres avant de se retourner en tremblant. J'éclate de rire et tous deux me regardent. On dirait des gamins dans une cour d'école. Chévi sait très bien que Daguet est plus fort que lui et qu'il n'a pas besoin de se livrer à de telles joutes. Il sait également que la seule façon de gagner un territoire est de ruser, mais il aime tellement jouer qu'il en oublie la dure réalité de la vie d'un chevreuil. Insouciant, il retourne vers Fougère, qui a sursauté tout autant. Je marche un peu derrière eux, laissant Daguet à ses activités. Je me rapproche de Chévi et essaye de marcher à moins de cinq mètres derrière lui ; il fait un petit bond pour s'éloigner. Fougère se couche et Chévi continue à marquer son territoire. Le jeu continue, puis il veut traverser la voie forestière qui, à cette heure, est empruntée par les cavaliers, les cyclistes et les coureurs à pied. Je le suis. Il me regarde un peu de travers mais continue sur sa lancée. Au bout de quelques minutes de réflexion, il traverse. Je lui emboîte le pas. Arrivé de l'autre côté, il semble intrigué par mon opiniâtreté à le suivre. Il court un peu, monte le raidillon dans la hêtraie nouvellement exploitée et se cache derrière un fagot fraîchement coupé pour manger quelques feuilles accessibles. Je m'approche pour manger quelques feuilles à l'opposé de lui. L'inquiétude disparaît pour se transformer en jeu. Chévi sait que je vis en forêt maintenant et il fait le distinguo entre moi et tous les autres usagers de la forêt. Comme les autres chevreuils, il ne reconnaît que moi, mon odeur unique, et part en courant sans demander son reste si un autre humain essaye de l'approcher. C'est comme s'il m'envoyait un message : « J'ai envie de te découvrir, tu peux me suivre, mais vas-y doucement parce que j'ai encore un peu peur. » Message reçu. Je marche à moins de dix mètres de lui.

Le bruit des feuilles au sol semble ne plus le déranger, mais un chevreuil que je ne connais pas beaucoup, né il y a deux ans, nous rejoint. Il vient d'un secteur plus haut que j'appelle les « Bordes ». Le nouveau venu nous observe de loin, ne souhaite visiblement pas s'approcher et nous renifle un peu, toujours à distance. Il est musclé et semble méfiant. Je vais l'appeler Mef. Chévi l'observe tout en se rapprochant de moi, me tourne autour à bonne distance pour se cacher et aussi pour faire en sorte que je sois entre Mef et lui. Je constate tout de suite le grand courage de Chévi, mais je ne peux pas intervenir. C'est leur histoire. Mef finit par s'approcher pour faire connaissance. Au bout de quelques minutes, il veut faire fuir Chévi, mais ma présence le gêne. Malgré son approche un peu tremblante, Mef est déterminé à faire partir Chévi, qui se cache toujours derrière moi. Finalement, de guerre lasse, Mef abandonne et s'éloigne.

Je passe l'après-midi avec Chévi en constatant que la rencontre de Mef nous a rapprochés et quelque chose me dit qu'une grande amitié est en train de naître entre nous deux. Je l'observe de très près, le contemple et profite de ce moment magique. Je me suis placé dans son vent afin qu'il renifle plus aisément mon odeur, qui semble lui convenir. Il faut bien s'imaginer que Chévi évolue dans un univers saturé d'odeurs. Ses naseaux plutôt ridés, glabres et humides lui permettent de distinguer tous les effluves charriés par le vent. Par définition, l'air humide transporte bien mieux les odeurs que l'air sec. C'est pourquoi aujourd'hui, avec cet air sec

Mef en pleine fuite. Son intelligence hors norme et sa connaissance du terrain ont permis plus d'une fois à Mef d'échapper aux chasseurs et de rester en vie.

d'avril, Chévi ne cesse de se lécher les naseaux pour amplifier l'humidité de l'air qu'il respire. Parfois, il lève un peu le museau pour mieux définir les différentes couches d'air. C'est grâce à cela qu'il parvient à distinguer le comportement d'un humain qui vient régulièrement en forêt avec une attitude et une odeur innocentes, d'un individu qui de manière furtive et sournoise s'introduit sur son lieu de vie. Peu importe la direction du vent, un chevreuil qui se retrouve sous le vent d'un promeneur saura qu'il était là.

Chévi continue sa petite promenade de marquage. De temps à autre, il gratte le sol de sa patte antérieure, fait quelques pas, urine, frotte ses bois sur une fougère aigle puis sur un jeune peuplier et termine sur un vieil arbuste séché. Il faut savoir que les chevreuils possèdent un certain nombre de glandes odoriférantes qui jouent un rôle essentiel dans leur vie quotidienne. Celle située entre les pinces du sabot, la glande pédieuse, sécrète une substance qui se dépose au sol. Elle permet aux membres d'une famille ou à un groupe de se suivre, même lorsque le terrain forestier est dense. Sur la patte arrière, au niveau du poignet, une petite zone glandulaire masquée par des poils un peu plus longs sécrète une odeur que les chevreuils déposent en effleurant la végétation basse durant leurs déplacements. Chaque animal, et donc chaque humain, est un cocktail d'odeurs unique, une alchimie de sécrétions qui traversent les pores de la peau lorsqu'il transpire. Cette empreinte olfactive permet au chevreuil de retrouver dans sa mémoire un animal ou un humain qu'il a déjà croisé, c'est ainsi qu'il le reconnaît. Et c'est de cette manière que je parviens à m'intégrer dans leur univers. Mes vêtements, mon équipement, ma sueur, mon urine, sont imprégnés de mon odeur. À cette odeur se mêlent des pollens et des poussières, la sève des plantes que je casse ou que j'écrase en marchant, ce qui rend la compréhension encore plus complexe mais leur permet de percevoir ma position et de connaître ma direction.

Après le passage de Mef, Chévi badigeonne son frayoir grâce à une autre zone glandulaire située sur son front. Tout est bon pour affirmer sa présence. De la simple fougère à l'arbrisseau en passant par les branches mortes, Chévi marque son passage et son territoire avec cette substance qui, je trouve, sent un peu la pomme. C'est aussi ce qui permet aux brocards comme Mef ou aux petites chevrettes comme Fougère de montrer qu'ils sont passés par là. Ensuite, il gratte la base de son frayoir avec sa patte avant et appuie très fortement pour faire apparaître une marque d'empreinte bien nette, comme pour signer son œuvre. Le volume de ces glandes augmente du mois de mai au mois de septembre, lorsque l'activité territoriale est la plus intense. Les frottis sont réalisés sur les arbres dont le diamètre ne dépasse pas l'intervalle qui sépare les bois et ne compromettent que très rarement le devenir des peuplements. Toutefois, si par folie les forestiers réalisent des replantations d'arbres caducifoliés à haute tige sur des terrains nus après une coupe à blanc, sans mettre de protections autour des plants, là... il faut assumer ses choix !

Je reste quelques jours avec lui pour apprendre son territoire et ses coulées. Petit à petit, Chévi m'offre un degré de complicité auquel je n'avais pas accès avec les autres chevreuils. C'est un peu comme si on se connaissait depuis toujours. Je pense aux mêmes choses que lui au même moment. Où que j'aille et où qu'il aille, nous nous croisons sans nous chercher. Comme si le destin nous forçait à faire connaissance. Un soir, alors même que je l'avais laissé avec Fougère, tandis que je récupère ma petite récolte de sève de bouleau, je le surprends à me suivre, léchant derrière moi chaque tronc qui laisse un mince filet de sève s'écouler le long de l'écorce. Fougère, plus craintive mais jamais très loin de son amoureux, est loin de venir me dire « bonjour » mais s'intéresse grandement à mes activités, et Chévi, comme pour montrer sa bravoure à sa dulcinée, se lance des défis tels que laisser un humain marcher derrière lui sans avoir peur, allant jusqu'à manger dans le même roncier ou s'approcher de mes chaussures pour les renifler. Personnellement, je ne suis pas sûr que cette attitude fasse chavirer le cœur de Fougère, mais j'avoue que ce comportement m'impressionne, car jamais aucun chevreuil ne m'avait porté autant d'intérêt et ne m'avait laissé l'approcher aussi rapidement.

En quelques semaines, nous passons d'un état de crainte à une confiance progressive pour aboutir à une amitié totale, entière. Chévi m'intègre maintenant à sa vie. Je peux jouer avec lui, marcher à côté de lui, manger avec lui côte à côte sur le roncier et faire tellement d'autres choses. Parfois, j'ai même l'impression qu'il y a moins de barrières entre Chévi et moi qu'entre Chévi et Fougère. Grâce à lui, je me sens un peu chevreuil. Pleinement intégré. Je me sens à l'aise avec lui. Il ne me juge pas et me donne l'impression même qu'il me comprend. Nous sommes frères de sang. Un trio inséparable se forme et nous passons un mois d'avril incroyable, rempli de joie, d'amitié et de découvertes mutuelles.

14

Entre Chévi et moi, des liens d'amitié de plus en plus forts se tissent, la curiosité que l'on se porte mutuellement nous rapproche chaque jour davantage. Chévi m'observe et apprend de moi à une vitesse incroyable. Il accepte tous mes mouvements, mes odeurs, à tel point que l'on arrive à mieux communiquer. J'apprends des petits chuchotis ou des grognements que je n'avais pas entendus avec Daguet ou Sipointe. Et, chose remarquable, il m'écoute chanter, lui parler. Il semble même associer mes mots à mes actions. Lorsque nous traversons une voie forestière et que je lui dis : « Bon, attention là, parce qu'il y a des humains », il associe mon inquiétude, mon odeur et d'une manière générale ma posture à la situation du moment et à l'imminence du danger, sans pour autant comprendre la phrase que je prononce. Lorsque je m'accroupis derrière lui et que je lance un petit « Ça va, mon Chévi ? », il s'arrête, me regarde tendrement avec sa petite bouille de travers tout en se léchant le museau. Son regard pétille et semble me répondre :

« Bah oui, ça va ! Et toi ? » Je me rends compte à quel point les chevreuils sont communicants. En prêtant attention, je constate qu'ils se font bien plus entendre qu'ils ne se font voir, car ils sont quelquefois très bruyants. Ils jappent pour s'interroger, se défier à un jeu ou tout simplement par curiosité. Une série d'aboiements accompagnés de petits bonds marqués signale un danger à tous les autres chevreuils et chevrettes alentour. Les faons avec leur mère émettent de petits chuchotements pour ne pas se perdre lorsqu'ils se déplacent ou quand ils s'ennuient. S'ils ont peur, ils poussent un petit cri plus puissant, une sorte de piaillement aigu et rythmé qui ressemble un peu au cri du grimpereau des bois. Ces sons ont pour but de faire accourir leur maman malgré la présence d'un danger. Pendant le rut, en juillet-août, la respiration sifflante d'un brocard est très caractéristique. Il grogne et parfois râle contre lui-même. La chevrette en chaleur, quant à elle, émet différents cris, de petits sifflements légèrement rauques et plaintifs. Poursuivie par un mâle en rut, elle aura un cri plus sonore, un petit cri du cœur difficile à décrire.

Chévi me permet de comprendre la mentalité des chevreuils et je parviens très vite à imiter leur langage. Ces codes complexes aux intervalles sonores précis ne sont pas à prendre à la légère. Je n'appelle jamais un ami chevreuil tous les jours de la même façon, car il faut prendre en considération l'influence du climat, la température, le vent, la météo et, plus difficile encore à ressentir, la pression atmosphérique. À

Chévi la nuit. La nuit éveille les sens. L'odorat, l'audition mais aussi le toucher, notamment celui des plantes que je dois reconnaître à la lueur de la lune.

cela s'ajoute l'honnêteté vis-à-vis des chevreuils. Il ne s'agit pas d'aboyer stupidement et égoïstement pour attirer ses amis, mais de savoir ce qu'on veut dire, faire ou leur faire comprendre lorsqu'ils rappliquent. Ils n'apprécient pas du tout les fausses alertes et je ne veux pas les décevoir. En même temps, il est difficile de trouver des chevreuils chafouins, car ils sont toujours contents. Il n'est pas question non plus de donner un ordre à Chévi, car je ne veux pas le rabaisser au rang d'animal domestique. De toute façon, il ne m'obéirait pas, il est têtu comme un bouc ! Dans cette histoire, finalement c'est moi l'animal de compagnie et c'est moi qui marche derrière les animaux sauvages, pas l'inverse. Parfois, j'avoue que cela m'arrangerait bien qu'ils m'écoutent, car les chevreuils sont de tels aventuriers lorsqu'ils baroudent vers de nouveaux territoires qu'ils en oublient quelquefois d'être prudents. Ils ne sont pas inconscients mais insouciants. J'ai déjà essayé, pour sa propre sécurité, de dissuader Chévi d'aller dans des endroits trop dangereux tels que les parcours sportifs, les bords de route ou les promenades en plein après-midi dans la clairière. Même en lui barrant la route, rien n'y fait et puis je me dis : qui suis-je pour lui interdire quoi que ce soit ? Nous conviendrons ensemble que le plus beau dans la liberté et la vie sauvage, c'est de ne jamais avoir de contraintes ni d'ordres à recevoir même si le danger est omniprésent. Vivre est dangereux en soi, alors pourquoi lui interdire de vivre ! Des barrières, il y en a assez comme cela naturellement.

En parlant de barrières naturelles, il y en a une que Chévi n'avait pas envisagée une seule seconde, c'est Mef. Celui-ci semble depuis quelques jours avoir jeté son dévolu sur Fougère, qui ne semble pas refuser les avances du « beau gosse ». Chévi et Mef, ce sont deux caractères très différents. L'un est câlin, un peu gamin, mince et très rusé avec une grande tendresse. L'autre est plus brutal, mature et macho, baraqué et directif. De plus, Mef a créé son territoire juste à côté de celui de Daguet, qui, je le rappelle, protège Chévi. L'histoire risque d'être longue et compliquée pour mes amis. Fougère, puisque c'est elle dans l'histoire qui décide lequel des deux prétendants la mérite le plus, a choisi l'alternance. Un jour Chévi, un jour Mef et, pour le coup, les deux don Juan sont d'accord sur un point : cette situation n'est pas tenable ! La cohabitation de fin de printemps est tendue et Fougère décide finalement de s'isoler pour l'été. Dans le même temps, Mef abandonne son territoire. Trop risqué de vivre à côté de Daguet, très dissuasif et plus encore avec un voisin aboyeur et râleur comme Sipointe. Chévi, opportuniste, récupère le territoire de Mef désormais vacant sur lequel il semble déjà avoir pris ses marques. Je le trouve surprenant d'intelligence et de ruse. Le voilà propriétaire d'une vingtaine d'hectares de territoire pour lequel il ne s'est pas battu une seule fois. La moitié protégée par Daguet et l'autre inoccupée par l'ancien propriétaire. Il faut oser, tout de même !

Quelques jours plus tard, Chévi me surprend une

nouvelle fois. Je marche derrière Fougère et lui dans une parcelle de hêtres. Ils mangent çà et là quelques feuilles et plus particulièrement des anémones sylvies. Cette plante de la famille des renoncules est mangée en grande quantité par mes amis car elle contient un tanin qui permet aux chevreuils de se purger de l'entérite, une maladie similaire à notre gastro-entérite, mais qui devient mortelle dans la plupart des cas pour les chevreuils. Cette plante aime pousser dans la pénombre des sous-bois humides et tous les chevreuils n'y ont pas accès en fonction de leur zone d'activité, notamment ceux qui habitent dans les forêts de pins ou de sapins aux sols acides. Chévi et Fougère, le ventre plein, cherchent un endroit calme et serein pour ruminer en paix. Fougère se couche contre un petit rondin de bois coupé il y a peu par les bûcherons. Chévi regarde autour de lui et aucun endroit ne semble lui convenir. Il s'aventure sur une petite côte et je le suis le plus simplement du monde. Arrivé à quelques mètres derrière lui, je m'accroupis. C'est alors qu'il décide de faire demi-tour pour venir me voir. Il s'arrête juste devant moi, m'observe, me renifle. Il se fait une petite toilette et jette de temps à autre quelques regards furtifs aux alentours. D'ici, nous avons une vue imprenable sur le massif forestier. Au bout de quelques minutes, il fait un pas en avant, tremble un peu, me regarde. Je ne reconnais pas cette attitude qu'aucun chevreuil n'a eue avant lui. Il lève la tête puis la baisse au ras du sol pour humer les différentes odeurs que je dégage. Chévi avance doucement, tourne autour de moi et continue de me renifler, puis la curiosité dissipe son inquiétude. Il se rapproche de mon visage et commence à le lécher. Je sens sa petite langue chaude et douce caresser ma peau avec passion. Je peux sentir son souffle chaud et rythmé tandis que mon cœur bat à cent à l'heure. C'est la première fois qu'un chevreuil me montre une telle affection. Un grand bonheur, une joie, une plénitude, une fierté, aucun mot ne peut décrire ce que je ressens alors. Des milliers d'émotions me traversent la colonne vertébrale dans un grand frisson. De ses petits coups de langue, Chévi me toilette et me « goûte » afin de mémoriser mon odeur unique qui scellera notre amitié à jamais. Sa langue passe sur mes yeux, mes oreilles, mon nez, puis il soulève mes lèvres. Il retire sans grande délicatesse mon bonnet, renifle mes cheveux, joue un peu avec et passe sa tête sous le col de mon pull pour venir jusqu'à mon cou. Tout y passe, la toilette est complète. Un long moment plus tard, alors que je lui caresse le poitrail, Chévi me regarde, visiblement satisfait de cet échange, puis se couche juste devant mes pieds. Étant toujours accroupi, je me mets en tailleur pour dégourdir un peu mes jambes. Quelque chose d'unique entre nous se passe et, à son regard pétillant, je sais que notre relation est synonyme de confiance, de respect et de bienveillance, les maîtres mots d'une amitié réussie entre un chevreuil et un homme.

15

Par un superbe après-midi de début d'été, nous marchons, Chévi et moi, dans une hêtraie où un magnifique bouleau déploie ses branches souples et légères. Chévi se couche à l'extrémité du tronc d'un gros arbre abattu par la dernière tempête hivernale. Nous nous regardons un moment. Je me demande vraiment ce qui peut bien l'inciter à vouloir m'apprivoiser plus qu'aucun autre chevreuil avant lui. Ressent-il l'immense plaisir que j'ai à vivre avec lui, entraîné dans cette aventure peu commune qui m'en apprend chaque jour un peu plus sur moi-même, qui change la perception que je peux avoir de mes faiblesses, de mes forces et même de mes envies ? Partage-t-il mon désir de vouloir en apprendre plus sur lui ? La cime des arbres danse légèrement sous l'effet d'un vent chaud venu du sud et une ombre en demi-teinte de vert passe et repasse sur son visage. Je m'allonge sur le sol, le dos sur un lit de fougères, et contemple cet enchevêtrement de feuilles à la transparence d'émeraude. Nous restons là un long moment, couchés sous le bois inondé de soleil, profitant de ce moment magique et féerique pour nous abandonner entièrement à la nature en laissant glisser sur nous le poids des contraintes de la vie sauvage. Absolument rien ne peut décrire cette joie ni la quiétude qui me pénètre alors. Nous passons l'après-midi à profiter du temps qui s'écoule doucement jusqu'à l'heure du ponant.

Nous nous levons, encore engourdis par ce voluptueux repos, légèrement étourdis par le calme qui règne autour de nous. Nous avançons dans le taillis sous la futaie. J'écarte à mon passage les fougères qui prennent la fraîcheur du soir tandis que des senteurs chaudes accumulées durant la journée m'envahissent. Tantôt frais, tantôt tiède et moite, l'air imprégné du parfum miellé des graminées et de l'herbe tendre me fait chavirer la tête. À cette heure où l'on ne sait plus très bien s'il fait jour ou nuit, les mésanges, les rouges-gorges, les pinsons et tous les autres oiseaux s'apaisent progressivement pour laisser place à la profondeur du silence nocturne. Tous les bruits s'évanouissent dans la fraîcheur odorante de l'ombre qui m'enveloppe. La forêt entière s'est éveillée et pourtant pas un bruit ne vient perturber cette sérénité. Nous marchons et avançons dans différentes strates de la forêt pendant que la nuit continue de s'installer. Quelques engoulevents à la silhouette hésitante tournent au-dessus de la clairière que nous traversons, quittant leur retraite diurne pour se lancer à la poursuite des insectes et brisant la monotonie de la lande par leur chant si caractéristique, semblable à un ronronnement de félin.

Quelques instants plus tard, nous faisons une halte au milieu de la chênaie dans laquelle une chouette hulotte mâle fait éclater son puissant hululement. Une femelle s'associe à ces appels dans un duo qui fait résonner l'obscurité, et auquel répond, au loin, un autre couple. Lorsque la nuit sera noire, ces redoutables chasseurs deviendront la terreur des petits rongeurs. Plus tard, c'est un hibou qui, par son battement d'ailes silencieux, laisse filer un souffle d'air léger au-dessus de ma tête. La pleine lune éclaire par une pâle blancheur le sous-bois et dessine mon ombre tel un fantôme. La forêt n'a plus la même allure et change de visage. Mes sens sont en alerte dans cette nuit où chaque pas s'apparente à une promenade au cœur d'une cathédrale végétale. Je peux sentir les racines bouger sous mes pieds. Je peux entendre le grincement des troncs, semblables à un gréement malmené par les vagues, lorsqu'un coup de zéphyr vient chahuter le houppier des arbres. Les arbres communiquent entre eux. Suis-je le sujet de leur conversation ? Tout prête à la rêverie dans cet univers magique et mystérieux.

Chévi me fait revenir à la réalité lorsque, d'un petit chuchotis, il me fait comprendre qu'il faut presser le pas pour aller là où il le souhaite. Si je n'entends pas, il s'approche de moi, baisse la tête, tend le cou comme pour renifler mes chaussures, souffle fort

Deux voisins. Fouilliou et Mimine sont des blaireaux que je croisais régulièrement. Pour eux, je faisais partie des habitants de la forêt et ne présentais pas de danger.

avant de repartir en trottinant pendant quelques mètres. Pendant une courte pause, je m'assoupis près de lui, et pendant mon sommeil, sans que je m'en aperçoive, une musaraigne, le plus petit mammifère du monde, se faufile dans la jambe de mon pantalon pour profiter un peu de ma chaleur corporelle. Je fais aussi chambre d'hôtes ! Et dans ce genre de situation, le réveil peut se faire de deux manières : soit par un couinement suivi d'une fuite effrénée, soit, plus rarement, par une morsure en guise de remerciement.

Un instant plus tard, nous remontons un petit chemin qui mène à une plate-forme clairsemée. De là-haut, sous un ciel de cristal, je contemple les étoiles. La cime des sapins qui bordent la trouée dessine un joli cadre brun foncé qui met en valeur le ciel étoilé. Chévi me regarde, lève légèrement la tête, quand au même moment une étoile filante passe au-dessus de nous. Je fais le vœu – j'espère qu'il se réalisera – que nous restions amis pour la vie et que rien ne nous séparera jamais. Je veillerai sur toi et te protégerai de toutes mes forces, je sais que nos moments les plus forts, nous les vivrons ensemble et que rien ni personne ne pourra jamais nous les voler.

L'aube approche et l'aurore légèrement orangée dessine le contour de la forêt encore fraîche et humide. Nous gagnons les coteaux crayeux bien exposés pour profiter des premiers rayons du soleil qui, timidement, fait son apparition au-dessus de la colline voisine. Les brumes de la Seine et de l'Eure se mélangent et s'évaporent tandis que l'astre de lumière fait baigner ses premières lueurs dans le miroir des lacs et des étangs en contrebas. J'entends au loin les coqs chanter l'annonce d'une belle journée qui commence tandis que l'église du village au fond de la vallée sonne ses premières heures. Un renard charbonnier revient de la chasse, qui apparemment fut bonne. Les derniers sangliers traversent les prairies et les champs détrempés par la rosée pour rejoindre la forêt profonde et se mettre en sécurité dans leur bauge avant que l'humanité ne se réveille. En été, les journées sont longues…

16

L'atmosphère chez moi est devenue soudain terriblement oppressante. Manifestement, je ne suis plus le bienvenu. Alors pour éviter de gêner qui que ce soit, je n'y retourne qu'en cas d'absolue nécessité, toujours de nuit, et je fais au plus vite. Un brin de toilette, un bol de fromage blanc avalé en quelques secondes, je chipe des allumettes lorsque j'en trouve, et je repars sans laisser de traces. Tout me rend nerveux dans cette maison. Désormais les odeurs m'agressent, le cliquetis des différents appareils électroménagers m'irrite, même la lumière m'indispose. Je crois que je ne supporte plus le monde des hommes. Je suis tellement mieux dans les bois.

Grâce à Daguet, Sipointe, Chévi et tous les autres, je peux maintenant dormir à l'extérieur, sans sac de couchage, sans abri ni chauffage. Ils m'ont appris à vivre, manger et dormir par cycles courts, ce qui rend la vie – ou la survie – possible sans trop souffrir physiquement. Il est impossible de construire une cabane ou de faire un feu à chaque arrêt pour l'abandonner au bout de quelques heures, et construire un camp de base est inutile. Cela n'empêche pas de se fabriquer une palissade avec des morceaux de bois et de la ficelle pour se protéger du vent ou de construire un petit abri de fortune en cas de grosse intempérie. Mais cela demande du temps et de l'énergie. S'il m'arrive de lancer ce genre de travaux, c'est uniquement parce que je suis trempé, que je souhaite faire sécher mes différentes couches de vêtements et que les températures sont devenues insupportables. Sans compter qu'à ce stade de mon aventure, personne, absolument personne ne se soucie de ma vie dans cette forêt, j'ai peur maintenant de me faire remarquer par les hommes et il serait imprudent de laisser des preuves de mon passage. Mes parcours sont à l'intérieur du sous-bois sur des coulées de sangliers, de chevreuils ou de cerfs, où je me dissimule facilement. Je suis aussi prudent et tatillon que les chevreuils lorsqu'il s'agit de traverser en journée une voie forestière, car mon pire cauchemar serait de me faire repérer par le garde forestier, même s'il n'est pas souvent sur le terrain. J'opte donc pour cette devise : « Pour vivre heureux, vivons cachés ! »

Survivre dehors n'est pas quelque chose d'insurmontable. L'essentiel est d'avoir le bon matériel et d'être organisé. Il faut savoir économiser son énergie, contrôler ses battements cardiaques par des respirations lentes, adapter sa marche en hiver par grand froid, car la transpiration devient le pire ennemi. Je n'ai pas la possibilité de migrer au soleil, comme le font les oies en automne, qui dans leur vol forment un « V » comme « voyage », nous invitant à la rêverie et à la découverte de contrées lointaines. Je ne peux pas vivre au ralenti comme certains animaux tels que les loirs, les marmottes ou les hérissons, qui ont la chance de dormir pendant que l'hiver et ses intempéries font rage dehors. Je suis obligé de me débrouiller seul avec ce que j'ai sous la main et d'attendre que ça passe avec deux grandes problématiques de taille : avoir chaud et trouver de quoi manger. Dormir longtemps de jour comme de nuit représente un danger mortel, surtout l'hiver. Couché, le rythme cardiaque diminue et, en une demi-heure déjà, les effets du froid se font sentir. En quelques heures, les pieds et les mains se refroidissent et s'engourdissent puis, progressivement, c'est l'hypothermie. S'isoler du sol est donc primordial, alors comme les chevreuils je gratte le sol avec le pied pour en débarrasser la litière végétale. La terre représente un tapis plus chaud et moins humide que les feuilles en décomposition. J'y installe des rameaux de sapins ou d'un autre résineux, qui permettent de s'isoler du plancher et de renvoyer la chaleur corporelle. Grâce à mes pulls, il m'est possible de dormir quelques heures en fonction de la température mais, par grand froid, les heures de sommeil sont très courtes et obligatoirement de jour. Je profite des petits rayons de soleil de la fin de

Fougère dans le brouillard. Le brouillard est un allié inestimable. Les odeurs traversent l'air grâce aux micro-gouttelettes contenues dans la forte humidité. Les chevreuils peuvent ainsi sentir une présence humaine avant même qu'elle n'apparaisse à leurs yeux.

matinée, les plus chauds, pour dormir un peu. Je me réveille souvent pâteux et un peu engourdi mais toujours heureux d'avoir profité de ce paisible moment. Il arrive que je ne dorme pas du tout. Je somnole quelques minutes, assis en tailleur sous quelques fagots de bois pour me protéger du vent, et je repars.

Pour la nourriture, c'est exactement le même principe puisque je ne peux pas m'inventer un garde-manger. Me déplacer avec les chevreuils devient donc une habitude. En fonction de l'intensité des saisons, si l'automne et l'hiver n'offrent pas une quantité de nourriture suffisante, je suis amené à me déplacer avec eux, ce qui est totalement incompatible avec l'idée d'un camp de base. Mais cela ne me gêne pas du tout, je trouve plus facile de m'adapter au terrain en devenant nomade. Quand l'hiver se fait long et que l'offre en nourriture se raréfie, les chevreuils sont contraints d'aller se nourrir dans les champs de cultures. Il peut s'agir de céréales d'hiver, de colza, de tubercules, tout autant que de « mauvaises herbes ». Mais une fois que les pousses ont atteint une dizaine de centimètres de hauteur, les chevreuils passent à autre chose. Au printemps, les plantes grandiront, et le traumatisme disparaîtra en quelques semaines. Seulement, la période hivernale étant pour les agriculteurs propice à la pulvérisation de produits phytosanitaires dans leurs champs, les chevreuils n'adoptent cette stratégie qu'en dernier recours. Pour les brocards plus âgés comme Sipointe, Velours ou Valloux, les forêts plus anciennes avec leurs arbres fruitiers, leurs chênes ou leurs châtaigniers sont une aubaine et je dois composer avec tout cela car, lorsque la végétation printanière se renouvelle et que l'abondance de nourriture est de retour, ils repartent dans les bois pour défendre leur territoire de l'année précédente. De leur côté, les chevrettes peuvent rester quelques semaines supplémentaires dans les champs où elles ont trouvé refuge avec leurs faons, et si elles s'y sentent en sécurité, qu'elles ne sont pas dérangées par des passages trop fréquents de la gent humaine, elles peuvent même y rester tout l'été. Ainsi, une chevrette sans compagnon peut partir à la recherche d'un brocard ayant déjà un territoire pour le convaincre de la suivre et l'emmener sur la zone d'accouplement de son choix. Il faut savoir que les chevreuils affectent très peu le rendement des cultures agricoles (moins de 5 %). En revanche, les machines agricoles provoquent encore de terribles dégâts chez les chevreuils, surtout chez les faons qui meurent broyés ou écrasés. Les champs de luzerne ou les prés attirent tout particulièrement les jeunes, car ils y établissent leurs zones de repos et ces dommages collatéraux peuvent quasiment réduire de moitié l'accroissement annuel d'une population.

Les chevreuils sont très attachés à leur lieu de vie et ils font preuve d'une très grande intelligence quand il s'agit de ne pas s'y faire remarquer. Leur mémoire est incroyable et elle est plus grande encore lorsqu'ils sont sur leur terrain. Doués d'un fort sens kinesthésique, ils connaissent jusqu'au bout des pattes tout leur environnement. Ils sont capables de courir et bondir à cent kilomètres à l'heure sur leurs coulées habituelles sans regarder les obstacles au sol ni même avoir besoin d'y penser. Cette mémoire des muscles que nous connaissons à plus faible envergure, puisque c'est grâce à elle que nous pouvons retrouver l'interrupteur de la lumière la nuit ou éviter le pied du lit, est d'une aide inestimable pour les chevreuils, surtout lorsqu'ils sont pourchassés par un prédateur. Par ailleurs, n'ayant pas de glace pour admirer ses bois, le brocard doit se souvenir de leur position, leur forme et leur longueur, car une fois dépouillés du velours qui les recouvre, ils seront totalement dépourvus de sensibilité tactile.

Je constate par ailleurs que Chévi et beaucoup d'autres chevreuils sont également capables de mémoriser les meilleurs endroits pour se nourrir, ainsi que la position des arbres qui leur offrent le meilleur rendement de feuillage et de fruits. Ce comportement tend à démontrer qu'ils se rappellent les expériences vécues au cours des saisons précédentes, parfois durant plus de six ans, selon la variété des essences, et explique certaines perturbations psychologiques en cas d'exploitation trop régulière sur leur lieu de vie. Le changement d'horaire (heure d'été et heure d'hiver) les perturbe durant quelques jours, voire quelques semaines. Au moment de leur pleine activité, comme chacun le sait désormais, ils ont un mode de vie crépusculaire ; s'ils traversent régulièrement une voie routière à 19 h 30 et que la circulation est fluide à ce moment-là, lors du passage à l'heure d'hiver il sera 18 h 30 et la circulation sera plus dense. Voilà un facteur accidentogène pour les chevreuils, même si certains, plus observateurs que d'autres, modifient très rapidement leur planning du jour pour ne pas être sur le bord de la route au mauvais moment. Ce n'est malheureusement pas le cas de tous les animaux sauvages. La route fait toujours trop de morts.

17

C'est le printemps, un léger vent du sud-ouest tiède et humide transporte jusqu'à mes narines le délicat parfum des anémones sylvies, des ficaires et autres fleurs de sous-bois. Je laisse les chaleureux rayons du soleil caresser mon visage comme pour me convaincre que la longue et difficile saison hivernale est bien finie. Dans le houppier des arbres, les oiseaux paradent et gazouillent en chœur. C'est la saison des amours. Tous les chants réunis qui envahissent la canopée semblent n'en former qu'un seul, celui du bonheur.

Bien plus bas, les chevreuils et moi-même préparons les territoires, tout en grignotant çà et là quelques gourmandises de saison. Courage, le demi-frère de Chévi, est un très jeune brocard né de l'union de Sipointe et de Rosée, sa nouvelle compagne. Courage, d'un caractère plutôt tendre, essaye de prolonger les amitiés hivernales avec ses compagnons. Sa sœur, Lilas, jouit d'un territoire annexe que Rosée, sa maman, lui a donné. Cela lui évitera des avances amoureuses de la part des mâles voisins. Chaque jour, Courage marque un peu plus son territoire, peaufine ses marqueurs et les défend vigoureusement contre les autres brocards qui rôdent aux alentours. Les semaines passent et il parvient à conquérir un petit lopin d'un peu plus de cinq hectares, ce qui pour son jeune âge n'est pas trop mal.

Un matin, au loin, un vacarme brise la plénitude du royaume sylvestre. Courage et moi, nous décidons d'aller voir d'où viennent ces grincements, hurlements et craquements inhabituels. Un envahisseur a pénétré la forteresse sauvage. Cette parcelle de forêt plantée il y a une quarantaine d'années est composée de pins sylvestres, parmi lesquels quelques vieux charmes, hêtres, chênes et bouleaux ont résisté. À l'intérieur, nous découvrons une machine impressionnante, sorte de tracteur monté sur huit gigantesques roues crantées et pourvu d'un bras mécanique. Au bout de ce bras, des tronçonneuses et une immense mâchoire en fer. La machine encercle l'arbre, l'attrape, le coupe à la base, le soulève sans effort, écorce son tronc en remontant de sa base jusqu'à la cime, puis coupe la tête de l'arbre, le débite en longs morceaux pour former un tas de rondins avant de s'attaquer à un autre arbre. La vitesse de destruction est telle et le bruit si intense que j'ai l'impression d'entendre les arbres crier. Courage, apeuré et terrifié par la présence de cet engin sur son territoire, s'en va en courant et, bien sûr, en aboyant. Pendant trois jours, le jeune brocard refuse d'aller marquer son territoire. Trois jours durant lesquels le monstre mécanique parachève son œuvre.

Le calme revenu, nous retournons sur les lieux pour constater les changements. La machine a tout dévasté. À la place du havre de paix et de quiétude où la nourriture foisonnait, où les écureuils, les loirs et les oiseaux avaient installé leurs nids, nous découvrons le silence d'une morne plaine. L'engin a tout rasé. Seul un tronc d'arbre pourri a été épargné au titre de la biodiversité. Une petite étiquette y sera scellée quelques mois plus tard. Maurice Barrès, dans *La Grande Pitié des églises de France*, écrit :

Connaissez-vous cette sorte d'angoisse et cette protestation qui se forment au fond de notre être [...] *chaque fois que nous voyons souiller une source, avilir un paysage, défricher une forêt ou simplement couper un bel arbre sans lui fournir un successeur ? Ce que nous éprouvons alors,* [...] *c'est tout autre chose que le regret d'un bien matériel perdu. Nous sentons invinciblement qu'à notre expansion complète il faut du végétal, du libre, du vivant, des bêtes heureuses, des sources non captées, des rivières non mises en tuyaux, des forêts sans réseaux de fils de fer, des espaces hors du temps. Nous aimons les bois, les fontaines, les vastes horizons pour les services qu'ils nous rendent et pour des raisons plus mystérieuses. Une pinède qui brûle sur les collines de Provence, c'est une église qu'on dynamite. Une pente ravinée des Alpes, un flanc pelé des Pyrénées, les étendues désertiques de la Champagne, les causses, les brandes, les garrigues du plateau central correspondent dans notre esprit à ces places de villages où nos clochers s'écroulent.*

J'observe Courage que je n'ai jamais vu aussi tremblant. Il scrute de droite à gauche puis de gauche à droite ce qui était il y a peu son territoire, hume l'air ambiant dans lequel persiste une odeur d'huile brûlée. Il fait un pas en avant, hésite longuement puis se résigne. Dépité, il est pris d'une terrible angoisse. Je vois à son regard désespéré qu'avec son territoire anéanti, les refuges n'existent plus, la nourriture sera maintenant difficile à trouver et il ne pourra plus participer à la saison des amours.

Courage se retrouve sans protection sur le territoire de ses concurrents. Aucune chevrette ne veut d'un mâle sans territoire, incapable de lui offrir une zone de quiétude. Dans l'impossibilité de recréer un nouveau domaine en si peu de temps, puis chassé de territoire en territoire par les autres brocards, Courage passe l'été dans un hallier de cinq mètres carrés. Le manque de nourriture en quantité et en variété le détruit physiquement et psychologiquement. Sa vie misérable, ses conditions de vie atroces le poussent à braver les interdits au péril sa vie. Il s'épuise, s'amaigrit, perd ses poils, les parasites envahissent son corps et j'ai peur que la maladie le gagne. Il pleure, gémit et attend l'automne, saison à laquelle les amitiés hivernales renaissent. Je n'ai jamais vu un chevreuil dans un tel état de santé.

Ce manque de considération des forestiers pour la

forêt et ses habitants me désole profondément. Une forêt, c'est avant tout une communauté d'arbres qui accueille d'autres communautés végétales et animales. Lorsque l'équilibre sylvestre est ébranlé, ce sont toutes les communautés qui sont fragilisées. La forêt, c'est le reflet de la vie : complexe, mystérieuse, changeante. Elle offre à ses habitants ressources, protection, ombrage, réconfort, beauté et, surtout, elle est d'une grande importance biologique. Je peux vivre avec les chevreuils et les autres animaux sauvages non pas parce que j'applique une science mais parce que j'ai pénétré leurs secrets en comprenant l'une des œuvres les plus magnifiques de la nature : la forêt. On n'apprend pas une langue en traduisant mot à mot. On apprend une langue grâce à la subtilité de son langage, au mode de vie des habitants du pays qui la parlent, sans rien comparer à ce que l'on connaît de sa propre langue. J'ai la chance de vivre avec les animaux sauvages, car je ne traduis pas la nature, je la parle.

Le mode de gestion sylvicole actuel n'est pas adapté à la nature, car les dégâts provoqués par les coupes à blanc se transforment en une véritable catastrophe pour les chevreuils, qui sont très attachés à leur territoire. Il faut que la gestion sylvo-cynégétique s'adapte aux lois naturelles. L'Homme a créé des conditions de vie forestière artificielles pour mes compagnons en plantant de la forêt comme on planterait des petits pois. Les vallons, les taillis clairs, les terrains que l'Homme considère « de mauvaise qualité » offrent à mes amis de la forêt l'aspect irrégulier qu'ils recherchent. Aujourd'hui, l'exploitation forestière, avec ses coupes mécanisées, son rythme industriel et ses méthodes de reboisement sur des centaines de milliers d'hectares en parcelles monotones, entraîne un déséquilibre chez les cervidés, les forçant à errer en passant dans les champs de culture, les vergers et les jeunes plantations.

Nous assistons à un exode massif des populations qui fuient de plus en plus les milieux forestiers. Avant la mécanisation des coupes autour des années 1990, les plaines de la Beauce en Eure-et-Loir n'abritaient que très peu de chevreuils. Aujourd'hui, ils vivent par groupes de cinq à dix individus dans des bosquets la journée, attendant le crépuscule et l'aube pour glaner dans les champs. Dans les vignes, en Charente-Maritime, aucun chevreuil ne venait manger les feuilles des plantations. Dans les vergers ou les jardins, leur présence était rare. Aujourd'hui, la forêt ne leur offre plus la variété, la qualité ni la quantité de nourriture qu'ils recherchent, et encore moins la protection. Les chevreuils occupent bien plus aisément les sous-bois et les lisières que le cœur des forêts, mais l'Homme, dans son besoin d'urbanisation constant, colonise les vallées et grignote leur environnement. Si les forêts grandissent naturellement, regardons les trouées artificielles que nous réalisons au cœur de celles-ci. Il est inutile d'exercer une énorme pression sur les populations pour les maîtriser, puisque celles-ci sont déjà attaquées par la prédation naturelle des renards et des buses, qui mangent les jeunes faons ; dans certaines régions, ce sont les lynx et les loups qui prennent le relais, sans compter les maladies et, bien plus souvent qu'on ne l'imagine, les chiens errants.

Pourtant, un équilibre numérique s'établit entre les morts et les naissances, si bien que le nombre de chevreuils reste à peu près constant dans un endroit donné. Une des solutions pour corriger notre mauvaise gestion serait de garder les adultes les plus territoriaux tout en plafonnant la densité des chevreuils à la capacité d'accueil du milieu. Le principe d'autorégulation de l'espèce se mettra alors en place tout doucement, génération après génération car, non ! les animaux ne sont pas suicidaires et ne consomment pas plus de nourriture que la nature peut offrir. Il faut également permettre aux animaux de manger en toute quiétude dans la journée avec des halliers bien répartis sur tout le massif forestier pour éviter les zones de concentration d'animaux sauvages. Il faut créer des futaies claires de feuillus avec peu de résineux pour favoriser la végétation au sol. Aménager des clairières près des ronciers notamment, avec des sous-bois dans lesquels il faut planter des arbustes à baies pour qu'ils puissent trouver des prunelles, des cenelles, des myrtilles et bien d'autres fruits. Que ces clairières ou ces lisières soient accueillantes, que l'on y laisse pousser jusqu'à leur maturité les graminées tant appréciées des chevreuils et que l'on maintienne les essences d'arbres produisant des fruits forestiers.

À chaque strate d'évolution de la forêt ses animaux. Les lièvres, les perdrix, les campagnols, les buses, les faucons crécerelles vivent dans les plaines. La garenne accueille les lapins, les renards, les blaireaux et bien d'autres animaux. La lisière de la forêt accueille quant à elle chevreuils, belettes, martres, fouines, renards et blaireaux. Plus la forêt grandit et s'épaissit et plus on s'enfonce en son cœur, plus on ira vers des grands animaux comme les sangliers. Il faut voir les arbres des forêts comme un trait d'union avec les autres êtres vivants de la planète. Les forestiers doivent revenir à une exploitation plus humaine, respecter les cycles naturels et donner aux animaux qui vivent également de ce milieu quelque chose de plus intéressant et plus goûteux pour qu'ils se désintéressent des arbres que nous souhaitons utiliser. La nature n'est pas un gisement, c'est un bien commun à tous les animaux, Homme compris.

Souvenons-nous que :

Si la civilisation et la culture pénètrent dans un pays par l'abattage du premier géant de la forêt, elles disparaissent à leur tour quand la hache a fini son travail et que le dernier arbre a été abattu.

18

Une nuit, alors que tout est tranquille, je décide de retourner à la maison. Je veux surtout prendre une douche chaude. J'ignore pourquoi, mais j'ai comme un mauvais pressentiment. Il n'y a pas d'étoiles cette nuit. Un vent léger souffle dans la cime des pins sylvestres qui dégagent une odeur fraîche de résine. Je marche sur un petit sentier qui descend vers la maison forestière située en contrebas de la vallée, à l'orée de la forêt. Je franchis un talus dans lequel les renards et les blaireaux ont creusé leurs terriers. Je croise Valloux, un vieil ami chevreuil, avec sa compagne Noëlle, qui jouent à dévaler d'énormes trous d'obus datant de la Seconde Guerre mondiale. Tous deux vivent le long d'une ligne électrique récemment construite. Une énorme trouée d'une centaine de mètres de large sur quelques kilomètres de long passe maintenant par leur zone de vie. Les mares ont été asséchées et quelques centaines d'hectares de hêtres ont disparu. Et dire qu'avant c'était de la forêt...

Je poursuis mon périple pour atteindre le sous-bois. J'arrive sur une petite route forestière goudronnée. Je franchis les barrières canadiennes récemment construites pour empêcher les animaux de sortir du bois. Un dispositif qui vient s'ajouter à un système de clôture installé tout le long de la forêt. Les cerfs ne brameront plus dans les prés à l'automne. Voilà un bon moment que je n'ai pas quitté la forêt. Je suis habitué aux bruits, aux odeurs et aux sensations de cet environnement que j'ai parfaitement apprivoisé. Arrivé à la lisière, le vent change, les odeurs ne sont plus les mêmes, l'air est moins humide. Une odeur d'herbe envahit mes narines. Le vent est plus puissant qu'en forêt et pénètre chaque couche de pulls jusqu'à me faire frissonner. J'avance dans les plaines tandis que la forêt m'appelle déjà. C'est comme si je quittais une amie sur le quai de la gare, le train s'éloignant avec la sensation de ne jamais plus la revoir. Je marche sur le trottoir, le long de la rue éclairée par de vieux lampadaires. Le portillon de la maison est fermé à double tour. Je passe par-dessus. Devant la porte d'entrée, j'insère ma clé dans la serrure, quelque chose bloque, je ne parviens pas à l'ouvrir. Je décide de passer par la petite porte du garage puis emprunte une seconde porte intermédiaire qui me permet d'accéder à l'intérieur de la maison. Je vais au réfrigérateur : il est vide. Je regarde dans les différents placards à nourriture, eux aussi sont vides. Certains sont même fermés à clé ! J'apprendrai plus tard que la nourriture avait été dissimulée. Je repars les larmes aux yeux. Je sais que c'est la dernière fois que je retourne dans cette maison. Je marche au pas de course, sans me retourner, pour retrouver au plus vite ceux que je considère maintenant comme ma véritable famille : les chevreuils.

Dès mon arrivée en forêt, je cherche à voir Chévi, mon précieux ami, mais ne le trouve pas. Je passe la matinée entière à le chercher, sans succès. Les heures passent et la déprime me gagne. J'ai absolument besoin de lui confier ma peine. Je passe et repasse sur ses coulées habituelles, sans le voir. Je fais une petite pause dans la clairière, je n'ai pas mangé, de toute façon rien ne passerait. En tout début d'après-midi, épuisé physiquement et moralement, je m'engage sur une autre parcelle de forêt dans laquelle nous avons l'habitude, lui et moi, de nous détendre. C'est alors que j'aperçois sa silhouette. Il est là, debout, fier. Il m'observe. Je cours vers lui à toute allure sans réfléchir et l'agrippe. Mes deux mains autour de son cou, je me mets à pleurer sur son épaule. Il reste immobile pendant de longues minutes. Je sens son cœur qui bat contre ma joue, il pose son museau sur mon épaule. La chaleur de son corps me fait du bien. Il gonfle son poil comme s'il avait un frisson, puis il se met à me lécher le visage. Je suis tellement heureux de le voir, d'être son ami. Je suis persuadé qu'il ressent mon désarroi.

Les chevreuils ont cette capacité à ressentir les émotions, à faire la différence entre le bien et le mal ou entre ceux qui leur veulent du bien et ceux qui leur veulent du mal. Dégoûté par ma propre espèce qui tue sauvagement mes amis, détruit leur environnement, manque de respect à la forêt, et blessé par l'attitude de mon entourage, je décide, à partir de ce moment, de rester le plus longtemps possible en complète autonomie, à vivre de la forêt sans retourner dans ce monde humain, inhumain, que je ne comprends décidément pas. Chévi est le chevreuil le plus intelligent que je connaisse, il ne me juge pas, est sensible à ma détresse, toujours de bon secours lorsque j'ai besoin de lui. Il a en quelque sorte un comportement « humain », au sens noble du terme. Il est plus qu'un ami, c'est un frère et, sans donner dans l'anthropomorphisme, j'ai découvert une personne non humaine pour qui j'ai une incroyable estime.

19

Le temps passe, Chévi se pare de magnifiques bois. Leur croissance est rapide et mon ami commence à sentir quelques démangeaisons à leur extrémité. Quelquefois, lorsqu'il s'approche de moi pour faire un câlin, il en profite pour les frotter contre mon bras, ma jambe ou sur mon sac à dos. D'autres fois, c'est sur Fougère. Il frotte alors sa tête sur son poil puis, par maladresse, passe sur son visage. Fougère recule un peu, elle n'aime pas ça, mais elle finit par le laisser faire, car elle se rend bien compte que cela le démange énormément.

La pousse des bois n'a rien à voir avec celle des cornes de vache, dont le cornillon est vivant, ce qui explique pourquoi elles poussent tout le temps. Chez les chevreuils, l'os est recouvert d'une sorte de peau appelée « velours ». Ce velours est parcouru par de nombreux vaisseaux sanguins qui apportent les nutriments nécessaires à la croissance de l'os. Au début de leur croissance, les bois sont d'une sensibilité extrême, puis cela s'atténue un peu avec le temps mais ne disparaît totalement qu'à la fin de leur pousse. Au cours des six premiers mois d'un jeune faon mâle, les pivots osseux se forment, puis commencent à pousser de petites broques de cinq centimètres. Ces excroissances ne se forment pas sur tous les faons, car cela dépend en grande partie de la qualité de leur alimentation. Le velours initialement présent autour de ces excroissances disparaîtra fin janvier, remplacé en février par les petites broques, auxquelles succéderont les premiers bois l'année suivante. Leur croissance s'achèvera avant le mois d'avril. Ce qui est incroyable, c'est que la croissance des bois est réglée sur une hormone dont la production dépend exclusivement des rayons du soleil. C'est en hiver que le velours apparaît tandis que les hormones mâles sont inexistantes. Au printemps, l'hormone à nouveau sécrétée stoppe la croissance. Les bois se solidifient et le velours s'atrophie. Le chevreuil n'a plus qu'à s'en dépouiller en frayant sa tête.

Sous le velours, les bois sont bien blancs, mais la sève des arbres sur lesquels le chevreuil les frotte leur donne une coloration miel ou brunâtre. Un chevreuil qui frotte ses bois contre un hêtre leur donnera une couleur claire tandis qu'un chevreuil qui les frotte contre un résineux leur donnera une couleur presque noire. Sur ces bois viennent se greffer de petites boules très saillantes au début qui sur les arbres auront le même effet qu'une râpe à parmesan. En peu de temps, ces perlures deviennent lisses. Autant dire que les forestiers regardent les chevreuils de travers à

Chévi. Je ne photographie jamais un animal avec lequel je n'ai pas sympathisé, car je veux que son regard dise l'amitié que nous nous portons.

ce moment-là, puisque, à force de vouloir se dépouiller de leur velours, ils endommagent les arbres promis à l'exploitation. Mais le pourcentage d'arbres touchés reste extrêmement faible et s'ils ne sont pas coupés dans l'année, ils seront réutilisés l'année d'après. Au mois de mai, tous les bois devraient être dépouillés de leur velours et les plus vieux chevreuils s'en sont débarrassés dès le mois de mars. Le velours tombé à terre ne met pas longtemps à blanchir et les rongeurs, attirés par le calcium, se chargeront de le digérer. Les bois sont constitués d'os compacts qui, une fois dépouillés de leur velours, deviennent insensibles.

Quand Chévi croise un autre brocard, il lui présente ses bois, hoche la tête et parfois rivalise avec un rapport de force, tête contre tête. On ne peut pas considérer les bois comme une arme, puisque les retournements de situation face à un prédateur sont très rares ; il est plus prudent de fuir. Un chevreuil peut courir à cent kilomètres à l'heure tandis que ses prédateurs ne dépassent que très rarement les vingt kilomètres à l'heure. Les bois représentent surtout une belle parure qu'il est de bon ton d'arborer au printemps pour mater les rivaux sous le regard attentif d'une petite chevrette.

La croissance des bois s'arrête dès la perte du velours. Puis à l'automne, l'affaiblissement naturel des cellules au niveau de la meule (la partie qui fait la jonction entre les bois et le crâne) provoque leur chute. Ils tombent d'eux-mêmes lorsque le chevreuil court ou se frotte contre un arbre. À noter que l'âge de l'individu n'a aucune incidence sur la longueur de ses bois. Un chevreuil comme Sipointe dispose d'un très vaste territoire et il lui est facilement possible d'accéder à une nourriture riche et variée. C'est la raison pour laquelle il porte des bois d'une taille assez conséquente.

Nous continuons notre promenade de marquage de territoire et partons à la découverte de frayoirs différents. Nous croisons Chocotte, qui n'a pas une bonne tête, ou plutôt une belle coiffe. Ses bois semblent ratatinés. Ils sont encore couverts de velours, mais quelque chose a dysfonctionné au cours de leur croissance. Les bois poussent très vite, et lorsqu'ils ne sont pas encore solidifiés, ils peuvent subir toute sorte de traumatismes et accidents. C'est le cas de Chocotte cette année. Son bois gauche, abîmé par une ronce alors qu'il était encore en croissance, est désormais recouvert d'un amas de peau disgracieux qui lui complique un peu la vie. Heureusement, cette malformation sera jetée à l'automne comme n'importe quel bois et les prochains ne porteront aucune cicatrice de cet incident. Cependant, dans certains cas plus graves provenant d'une maladie, une blessure par balle, une foulure ou autre, cela peut vraiment devenir désastreux, car le cycle de croissance des bois est sous le contrôle d'un équilibre hormonal très fragile. Une blessure mal placée peut avoir des conséquences graves sur leur pousse, et donc affecter le cycle de marquage et finalement compromettre la vie sociale du chevreuil.

20

Au cœur de l'été, je croise Fougère, étalée par terre au beau milieu d'une trouée de fougères. La chaleur est intense et elle se prélasse en plein soleil. Je m'amuse à la comparer à ces petites starlettes qui bronzent sur les plages de la Méditerranée. Elle finit par se lever et se dirige directement sur le territoire de Chévi. Je la suis toujours du mieux que je le peux, car elle marche assez rapidement. Elle se faufile parmi quelques ronciers, hume les différentes couches d'air pour repérer l'emplacement de Chévi puis continue sa recherche. Elle le trouve. Et change totalement d'attitude. Sa démarche est à la fois plus lente et plus déterminée. Elle s'arrête devant Chévi, qui la regarde toujours aussi affectueusement. Il s'approche, la demoiselle fait mine de l'ignorer. Il tente une petite accolade, sans succès, tourne autour d'elle puis son museau vient se glisser sous le pinceau de Fougère, qui frissonne. Elle fait un petit bond, secoue la tête, le regarde et galope sur quelques mètres. Chévi la suit, elle s'arrête brusquement. Il arrive derrière elle à toute allure, se cambre pour ne pas la percuter et commence à mettre ses pattes avant sur le dos de Fougère. Elle repart en galopant et le jeu semble exciter les deux tourtereaux.

Fougère est en chaleur et attire Chévi grâce à la sécrétion de glandes odoriférantes, accompagnée d'un langage composé de cris caractéristiques. Les préliminaires consistent à vérifier la résistance physique du brocard et à sélectionner ainsi naturellement les gènes les plus forts pour faire de beaux petits faons bien costauds. Les chevreuils sont plutôt polygames, mais Chévi et Fougère, tout comme Sipointe avec Étoile, dérogent à cette règle, non pas en devenant monogames mais en se privilégiant l'un l'autre sur leur territoire. Ainsi, Fougère refuse les avances d'autres mâles et évite généralement d'aller faire la belle sur d'autres territoires.

Le petit jeu amoureux de Chévi et Fougère est constitué de longues et passionnantes poursuites qui finissent en une course circulaire autour d'un arbre, une souche ou un rocher. Le jeu dure si longtemps que les deux tourtereaux finissent par former autour de l'arbre un petit sentier de terre battue appelé « rond de sorcière », sur lequel mon pauvre ami brocard ahane, râle et même aboie pour avertir des concurrents qui, excités eux aussi par cette petite danse, en viendraient à penser qu'ils peuvent participer. Ce n'est même pas la peine d'y penser !

Ne vous y trompez pas, à ce stade, c'est la chevrette qui mène le bal et décide du lieu de l'accouplement. Si le pauvre brocard amoureux se résigne ou s'écroule de fatigue, elle ira en chercher un autre pour le ramener sur le même lieu d'accouplement. Ce n'est pas du tout le cas de Chévi, qui redouble d'efforts pour éviter cela. Un petit moment plus tard, Fougère est prête à recevoir Chévi. Elle s'arrête de courir autour de l'arbre et Chévi en profite pour la monter à plusieurs reprises avec, de toute évidence, un certain plaisir, jusqu'à ce que la saillie soit complète. Avec un peu de chance, Fougère l'entraînera à nouveau dans son jeu demain, après-demain et les jours suivants, et cela peut durer jusqu'à la fin du mois d'août, sachant que la période d'œstrus ne dure que deux à trois jours.

En Europe, la fécondation des chevrettes se déroule de la mi-juillet jusqu'à la fin du mois d'août, pendant le rut. Aussitôt fécondé, l'ovule commence à se diviser et continue de « flotter » dans l'utérus pendant seize semaines environ pour se développer très lentement jusqu'en décembre. Ce petit amas de cellules s'implante alors dans la paroi utérine et le développement fœtal débute. Ce processus, nommé « implantation différée », n'existe chez aucun autre cervidé et ne concerne que quelques mammifères, tels les blaireaux, les martres, les fouines ou les hermines. Le fœtus grandit rapidement jusqu'à la naissance des faons, soit neuf à dix mois après la fécondation. Sur les quarante semaines de gestation d'un petit faon, la croissance des embryons n'en exige qu'une vingtaine, et comme la nature est

Magnolia. Une vraie séductrice au regard pétillant. Plus chevrette que mère, elle a fini par donner naissance à Cénelle, dont le destin sera tragique.

parfaite, une chevrette non fécondée en été peut l'être lors d'un rut secondaire qui se déroule pendant les mois de novembre ou décembre. Dans ce cas, l'implantation n'est pas différée et la mise bas se déroule tout à fait normalement à la fin du printemps. Au moment de la délivrance, Fougère mettra certainement au monde un ou deux faons qui resteront avec elle jusqu'au printemps suivant.

Quelques jours plus tard, je croise Magnolia qui joue au même jeu. Elle est cent pour cent polygame et ses partenaires comme Bobois, Chocotte, Harry et bien d'autres le sont tout autant. Magnolia mène la danse depuis plusieurs saisons sans jamais procréer. Elle attire les brocards, les séduit, emmène ses prétendants sur le lieu d'accouplement dans un train d'enfer jusqu'à... l'épuisement. Les pauvres finissent systématiquement par abandonner. Et si par hasard elle tombe sur un chevreuil plus résistant que la moyenne, au moment de l'accouplement, elle disparaît ! Cette fois encore, je m'attends à la même comédie. Cela dit, quelque chose m'intrigue. Les territoires sont créés, Magnolia est en chaleur et trois beaux brocards sont couchés à quelques mètres les uns des autres, ce qui n'est pas tout à fait habituel. Magnolia emmène son premier prétendant, Harry. Quelques heures s'écoulent. Harry est sur le point d'abandonner. C'est alors que j'aperçois Bobois qui trottine dans la direction de Magnolia. Harry sort du rond de sorcière et Bobois emboîte le pas à Magnolia. Harry repart se coucher à côté de Chocotte sans aucun conflit. Magnolia ne s'est visiblement pas aperçue de l'entourloupe et continue de tourner autour de sa petite souche d'arbre. Un long moment plus tard, rebelote, Bobois sort du cercle et Chocotte le remplace. Je souris devant cette scène de vaudeville. Je vois bien que Magnolia commence à fatiguer et qu'elle ne sait plus comment se dépêtrer de cette situation. Elle n'a plus la force de partir en courant pour abandonner son prétendant. Elle se résigne alors, s'arrête, se met en position d'accouplement, la tête baissée, le ventre contracté et le corps raidi. Chocotte commence la saillie, la monte plusieurs fois puis Bobois se met en place, la monte également et vient le tour de Harry. Ils recommencent plusieurs fois tous les trois et semblent satisfaits de leur entente. Magnolia n'a pas choisi ce petit jeu tournant, ni d'avoir des faons l'année prochaine. Après toutes ces années, je suis encore surpris par l'adaptabilité des chevreuils, capables de déroger aux règles naturelles les plus élémentaires pour parvenir à leurs fins.

21

Térylle, la petite renarde, délimite depuis la fin de l'été son territoire, très vaste puisqu'il fait sept kilomètres carrés. Avec son compagnon que j'ai nommé Vulpes, ils le défendent afin d'en éloigner les intrus. C'est la troisième année qu'elle s'entend avec le même copain. Quelquefois, je les vois chasser ensemble, mais la plupart du temps elle est seule, préférant la chasse en solitaire. Une fois le territoire délimité et protégé, elle agrandit un terrier de lapin pour en faire son petit logis, mais Vulpes n'a pas le droit d'y entrer. L'hiver est la saison des amours pour les renards. Dans le relatif calme nocturne de la forêt, j'entends au loin mes deux amoureux chahuter, chanter, hurler. Quelques heures plus tard, je croise Térylle, guillerette ; le concert donné par Vulpes l'a visiblement séduite. Pendant plusieurs jours, ils ne se quittent plus, jouent ensemble, s'épuisent dans des courses-poursuites effrénées, sans tenir compte ni de leur entourage ni des dangers potentiels. Bref, des amoureux !

Arrive le mois d'avril. Je sais que ma petite renarde a mis bas dans son terrier. Auparavant, elle a arraché les poils blancs sur son ventre afin de dégager ses mamelles et faciliter l'accès aux tétines pour ses petits. Au terme d'une gestation de cinquante-deux jours, les petits renardeaux sont nés. Je ne les vois pas mais je les entends. Comme les jeunes renardeaux ont besoin de chaleur maternelle, Térylle doit rester avec eux pendant quinze jours. Durant ce laps de temps, Térylle dépend entièrement de Vulpes, qui lui apporte une quantité impressionnante de nourriture. Pour le ménage, le renard semble bien moins doué, car un amoncellement de détritus organiques s'entasse à l'entrée du terrier. Les quatre semaines passées, seuls deux renardeaux ont survécu à la sélection naturelle. C'est leur première sortie en gueule de terrier. Les réserves de lait épuisées, les aliments solides (mulots, musaraignes, bousiers, etc.) vont devenir leur seule nourriture. Térylle, très amaigrie, part en chasse pendant que les deux petits chahutent. Ils sont turbulents, joueurs et très curieux. Lorsqu'elle revient, elle apporte de la nourriture, en enterre parfois une partie pour constituer des provisions puis s'occupe de ses deux garnements. Elle ne cesse de les lécher, car plus leur pelage est propre et mieux ils sont isolés du froid. Quelquefois, je reste couché à les observer avec Chévi, curieux lui aussi de toutes ces allées et venues. Ils n'ont aucune crainte et viennent jouer jusqu'à nos pieds. Leurs yeux sont d'un bleu profond et leur bouille devient rousse en même temps que leur petit museau s'allonge.

Six mois se sont écoulés et je croise maintenant régulièrement les renardeaux qui se promènent seuls dans la forêt. Ils sont sevrés et ressemblent déjà à des adultes. Le petit mâle a été chassé du territoire par ses parents, sa sœur est partie d'elle-même peu de temps avant. Magnolia, la chevrette malicieuse, a eu un faon que j'ai appelé Cénèle. C'est une petite femelle pleine d'entrain et de curiosité. Je ne peux pas dire qui est le père, tant le nombre de prétendants est grand. Magnolia vit assez loin de chez Térylle et n'a rien à craindre non plus de Vulpes. Je vois donc Cénèle grandir comme beaucoup de faons avant elle.

Un matin, alors qu'elle a moins de trois mois, je l'aperçois au loin en train de crier. Le son de sa voix est plaintif. Elle court dans tous les sens. Je m'approche et vois un magnifique renard en position de chasse. C'est un mâle. Je le reconnais, c'est un des renardeaux de Térylle. Manifestement, il a établi son territoire non loin de ses parents et il s'attaque à l'une de mes amies. Je cherche Magnolia, qui est censée la défendre, mais elle n'est pas là. Je m'approche de plus en plus en me disant que ma présence va gêner le prédateur, mais il n'en est rien. Le jeune renard me connaît bien et reste bien concentré sur son idée première : faire de Cénèle son casse-croûte.

Ma belle renarde. Térylle était la compagne de Vulpes, un beau renard charbonnier avec qui elle a eu des petits. J'ai vécu un peu avec elle mais je trouve que la relation avec les renards est moins amusante que celle avec les chevreuils. Les renards ne s'intéressent pas trop aux autres animaux et ne cherchent pas à créer d'interactions.

Pour la première fois je suis confronté au dilemme de la vie et de la mort. Dois-je sauver Cénèle des crocs d'un prédateur ou accepter la loi de la nature dans toute sa cruauté ? Après toutes ces années, ma place est-elle encore celle d'un simple spectateur ou suis-je devenu un acteur à part entière du royaume sylvestre ? En m'avançant, je me rends compte que Cénèle est blessée grièvement à la gorge et aux pattes arrière. Elle appelle sa mère qui ne vient pas. Mais enfin, que se passe-t-il ? Magnolia devrait accourir auprès d'elle ! Le jeune renard saute sur Cénèle, lui mord le bas-ventre, agrippe son cou pour la faire tomber. Ma jeune amie ne se relèvera pas. Je peux encore faire fuir le prédateur qui a gravement blessé sa proie. Mais dans quel but ? Voir Cénèle mourir devant moi de ses blessures ? Je ne peux rien faire, je suis arrivé trop tard. Et je dois l'accepter. Bouleversé, je préfère m'en aller, éviter d'assister à quelque chose qui m'est insupportable.

Je ne comprends pas pourquoi Magnolia n'est pas là. Les chevrettes sont des mères dévouées et ce comportement me surprend. Quand je la trouve enfin, elle gémit, émet de petits chuchotis pour appeler sa fille. Elle a apparemment perdu sa piste. C'est une très jeune chevrette, sans expérience et très maladroite. De plus, une sorte de rhinite allergique la gêne depuis quelque temps et doit altérer l'efficacité de son odorat. Elle renifle tout le temps et son nez semble encombré. Cénèle était sa seule fille et je perçois le désarroi dans les yeux de ma pauvre amie. Par de petits cris et gémissements, je l'invite à me suivre sur le lieu du désastre. Arrivé sur place, je constate sa douleur. Elle comprend que sa fille est morte. Elle cherche autour d'elle, retrouve le renard et le course, mais il est déjà trop tard. Magnolia mettra quelques semaines à se remettre de cette épreuve.

22

Fougère se promène dans une futaie, elle grignote de la bruyère et quelques joncs épars, puis se dirige vers la clairière qui nous offre une grande quantité de plantes basses. À quelques mètres, une replantation l'attire particulièrement. Cette ancienne coupe à blanc a laissé se régénérer depuis deux ans les premiers arbres colonisateurs tels que les bouleaux, les noisetiers, les frênes, l'aubépine et bien d'autres espèces ligneuses ou semi-ligneuses. Mon amie profite du recépage naturel qui présente une incroyable variété de jeunes tiges parfois remplies de tendres feuilles et de succulents bourgeons. Mais Fougère ne se contente pas de manger, elle cherche également un endroit où elle pourra cacher ses petits faons, car je sais à ses flancs arrondis qu'elle attend des petits. À quelques endroits bien précis, elle pose des marques pour délimiter sa zone d'activité, qu'elle défendra au mieux. C'est sur cette zone qu'elle mettra bas et élèvera ses petits. Chévi et Fougère ont un domaine vital assez vaste, d'une quarantaine d'hectares sur lequel se déroulent toutes leurs activités. Les autres chevreuils et chevrettes y sont « tolérés ». Ce domaine leur apporte une garantie alimentaire, des remises, des endroits bien situés et calmes où ils peuvent se reposer en paix, le tout parcouru d'un formidable réseau de coulées. Chévi, de son côté, marque son territoire avec beaucoup de rigueur et le défend jalousement. C'est une sorte de district dans leur domaine vital, qui bien sûr croise la zone d'activité de Fougère.

Au début du mois de mai, Fougère met bas au beau milieu d'une prairie. Elle n'a qu'une fille, que j'appelle Pollen. Je les laisse tranquilles pendant les premières semaines, mes journées sont de toute façon déjà bien occupées par le marquage de territoire avec Chévi. Un après-midi, mon meilleur ami rejoint Fougère et sa fille. Je marche derrière la petite famille, insouciant. Fougère est devant, suivie de Chévi puis de sa fille. Nous passons par une allée de coupe forestière dans laquelle il fait chaud, car c'est une plantation de pins sylvestres. Les résineux ont en effet l'avantage de garder la chaleur. Un beau soleil nous réchauffe et nous cherchons un endroit agréable où nous reposer. Tout à coup, une sorte de sifflement désagréable me paralyse. Le son vient du sol. Il s'agit d'un serpent. J'ai failli lui marcher dessus et il semble avoir moyennement apprécié. Il est en position défensive, la tête à demi relevée, il ne bouge pas. Je reste immobile, comme les chevreuils me l'ont appris, la jambe relevée, figé dans l'instant. Le serpent ne se calme pas et je vois mes amis s'éloigner. J'ai beau gémir comme un faon pour appeler et signifier ma détresse, ni Pollen ni Chévi n'y font attention et Fougère paraît un peu trop loin pour m'entendre. Heureusement, elle se retourne un court instant. Pollen s'est arrêtée aussi. Elles me regardent toutes les deux. Je continue de gémir avec ce cri très caractéristique du faon qui a peur. Fougère remonte la file, passe devant Chévi et se dirige vers moi. En apercevant le serpent, la chevrette baisse la tête. Elle continue d'avancer à pas de loup, prudemment, en levant les pattes très haut. Elle est maintenant parvenue à hauteur du reptile qui vraisemblablement ne s'est pas rendu compte de son arrivée. Elle passe derrière, lève sa patte antérieure et frappe violemment le serpent, qui commence à détaler. Fougère le poursuit et continue de le frapper en visant la tête. La pauvre bête saute dans tous les sens comme un vulgaire morceau de caoutchouc. Il est certainement mort, mais Fougère continue de taper et taper encore jusqu'à être certaine de l'avoir achevé. Puis elle retourne voir Pollen, lui donne quelques coups de langue affectueux et retourne en tête de cortège. J'ai eu chaud. Chévi, curieux, va voir le serpent inanimé, le renifle, se retourne vers Fougère de temps en temps, me regarde comme pour chercher l'approbation. Je pense qu'il n'a jamais vu sa compagne faire preuve d'une telle violence, mais Fougère, comme toutes les autres chevrettes, déteste les serpents et encore plus lorsqu'il y a les petits autour. Je suis bien heureux qu'elle ait pris cette initiative, même si le serpent, aveugle, avait certainement plus peur que moi et serait parti de lui-même au bout d'un moment. Je suis en vie et soulagé, merci Fougère.

Chévi et Fougère continuent leur petite vie avec leur fille. Un beau matin, vers la fin du printemps, survient un imprévu. Cet imprévu s'appelle Magalie. Cette magnifique chevrette, pleine d'expérience, est la sœur de Mef. Je ne sais pour quelle raison, elle a quitté sa zone d'activité en amont de la forêt pour descendre sur notre secteur. J'observe que Magalie a des flancs énormes, elle attend à son tour des petits. Comme Fougère, elle, a déjà donné naissance à son petit et que son territoire est déjà marqué, j'imagine que Magalie va retourner sur son propre territoire pour mettre bas. Hélas, il n'en est rien. Magalie est très territoriale et même si sa frimousse fait chavirer mon cœur, je dois admettre qu'elle a un caractère de cochon ! Tandis que je passe la matinée avec Fougère et Pollen le long d'une voie forestière, Magalie s'approche. Fougère ne dit rien. Elle s'approche encore un peu plus, me renifle puis se dirige vers Fougère. La copine de Chévi, très sociable, commence à vouloir faire quelques léchouilles à Magalie. Soudain, cette dernière se met à aboyer en coursant Fougère avec détermination. Fougère résiste, s'arrête et essaye d'inverser la tendance, mais Magalie, bien plus puissante qu'elle, parvient à la faire détaler. Après ce long combat, je me retrouve seul avec Pollen, nous attendons le retour de Fougère, mais c'est Magalie qui revient. Pollen, apeurée, respire par de petits à-coups et cache sa tête entre ses deux pattes avant. Elle est pétrifiée. Magalie ne semble pas agressive et ne porte aucune attention à Pollen. Nous attendons un long moment puis nous entendons Fougère qui nous appelle, ou plutôt qui appelle sa fille. Dans une course rectiligne, Pollen fonce dans une parcelle proche pour rejoindre sa mère tandis que Magalie nous regarde nous éloigner. Fougère, chassée de son territoire, ne reviendra plus. Magalie y met bas dans des hautes herbes, un faon unique également, une petite femelle que j'appelle Clara.

Les mois passent. Clara et Pollen deviennent amies. Magalie s'intéresse à moi avec une plus grande curiosité qu'avant, chose rare chez les chevrettes. En général, il m'est plus facile de déverrouiller les blocages psychologiques chez les mâles, car ils possèdent un taux de testostérone plus important. Cette hormone leur donne un peu plus confiance en eux et leur procure le sentiment d'être plus forts. Chez les femelles, il me faut le double de temps, car elles sont plus observatrices, restent longtemps sur un mode protecteur, guidées par leur instinct maternel, même lorsqu'elles n'ont pas de petits. Elles sont plus psychologiques et plus craintives. Magalie ne ressemble en rien à son frère Mef. Elle s'approche facilement, observe et comprend rapidement, et je sympathise vite avec elle.

Magalie passe l'automne avec Fougère, Chévi, moi-même et d'autres chevreuils qui nous rejoignent :

Magalie. Elle me considérait comme un ami de confiance.
Elle a même fait de moi la nounou officielle de Prunelle et Espoir.

Laflaque, Bobois, Magnolia, Courage et Mef. Nous formons un beau petit groupe de onze individus avec Pollen et Clara et profitons de nos amitiés hivernales pour partir à l'aventure, explorer d'autres domaines encore inconnus. Même si les chevreuils sont des animaux casaniers, nous parcourons environ cinq kilomètres par jour à la découverte de nouveaux espaces. Nous jouons le long des différentes lisières, à courir, bondir et dévaler à toute allure les énormes buttes de terre situées juste derrière la maison du garde forestier. Nous passons les fils barbelés d'un pré à l'herbe grasse et apprécions quelques instants de pur bonheur.

Pendant que mes amis ruminent, je me repose parmi eux. Courage se lève pour glaner quelques feuilles. Subitement, au beau milieu du pré, il bondit plusieurs fois et s'arrête. Il recommence avec des bonds de plus d'un mètre de hauteur. Quelle mouche l'a piqué ? Aucune. Il joue. Il danse, se prend pour un grand brocard, met en garde une petite tige qui dépasse du champ et se laisse aller aux pirouettes les plus incroyables. Il est gagné par une folie heureuse, la joie de vivre. Il se calme un peu sous le regard amusé de ses congénères avant de repartir de plus belle. Il s'élance dans les airs et bascule son fessier en même temps, donne des coups de patte dans le vide, retombe au sol et se cabre. Le jeu continue, il tournoie, pointe ses bois vers un chevreuil imaginaire, court comme un fou pour reprendre ses cabrioles. Après un petit instant de repos, il bondit à nouveau dans les airs, se retourne puis arrive avec panache au sol les pattes toutes raides. Tout l'intrigue, il s'amuse d'un rien et continue de jouer ainsi plusieurs minutes pour finalement retourner se coucher près de Magalie comme si de rien n'était.

Nous regagnons l'intérieur de la forêt, Laflaque a le regard coquin et, même si elle a pris l'habitude de me voir, elle me teste très régulièrement. En fin d'après-midi, alors qu'elle est couchée, que tout est calme, elle part soudain en courant, s'arrête, observe la réaction des autres, mais surtout la mienne. Elle cherche à avoir une forme d'autorité sur le groupe, mais cela ne fonctionne pas, car chez les chevreuils, il n'y a pas de chef. Par ailleurs, comme elle est un peu fofolle, personne ne lui fait confiance. Parfois, elle casse l'ambiance sereine du groupe. C'est une excitée qui passe son temps à titiller les autres. J'avoue que quelquefois elle m'énerve. En même temps, elle est mignonne et son caractère bien trempé nous promet de grandes choses dans le futur.

Avec le groupe, je ne vois pas la saison hivernale avancer, le printemps revient déjà, mais il fait encore froid. Les quelques années passées en forêt commencent à me porter préjudice. La fatigue musculaire en raison d'une alimentation restreinte survient plus rapidement qu'avant. Il pleut légèrement, un vent glacial pénètre toutes les couches de mes vêtements. Comme je suis bien entouré, en confiance parmi mes amis chevreuils, je décide de m'assoupir quelques minutes. Je me cache du vent derrière un gros arbre. Quelques giboulées tombent, mais je n'y prête pas attention. En réalité, une perturbation météo arrive et la température est en train de chuter. Je commence à m'endormir pour rapidement sombrer dans un profond sommeil. Ma température corporelle chute.

À mon réveil, je ne sais plus où je suis ni qui je suis. Pire, tous mes membres sont paralysés. Je ne parviens pas à me lever. Chévi vient me voir et commence à me lécher le visage comme à son habitude après sa sieste. Sa petite langue chaude qui passe et repasse sur mon visage me réveille un peu jusqu'à me sortir de ma torpeur. C'est alors que je prends conscience de l'endroit où je me trouve. Je vois les grands yeux brillants de mon ami avec son petit nez contre le mien. J'essaye de me lever, mais je suis cloué au sol. Mes jambes sont lourdes, j'ai l'impression qu'aucune commande ne répond. Dans un ultime effort, j'agrippe une branche et parviens à me mettre debout. Mon cœur bat très fort dans ma poitrine, j'ai la tête lourde et le paysage défile autour de moi, mon corps entier est engourdi. Je vomis. J'essaye de faire quelques pas pour me réchauffer, sors de ma poche une bougie que je parviens à allumer en craquant quelques allumettes. Je la place sous une poignée de feuilles mortes qui peine à s'enflammer. J'y ajoute quelques petites brindilles que je transporte toujours dans mon sac à dos en cas de problème. Les flammes commencent à monter, je me réchauffe. Je dispose sur mon petit foyer une bûchette que j'entaille avec mon couteau pour que le feu ne s'éteigne pas. Ça y est, je reprends mes esprits. Chévi et les autres s'approchent du feu que je continue d'alimenter puis nous passons la soirée ensemble. Je m'en veux de m'être laissé aller comme ça. Cela aurait pu me coûter la vie. Lorsque l'on vit dehors dans des conditions difficiles, on ne peut pas éviter tous les dangers, mais une bonne organisation et une bonne préparation peuvent vraiment sauver la vie. Cette petite frayeur me fait l'effet d'un électrochoc. Ce n'est pas la première fois que cela m'arrive, mais jamais ça n'avait duré aussi longtemps. Ma vie, je veux la passer auprès de mes amis chevreuils, intensément, peu m'importe si elle est courte. Mais si je veux les sauver de la destruction de ce monde qui devient fou, je dois rester en vie, pour raconter leur histoire et sensibiliser le grand public à la réalité de la vie sauvage.

23

Pour comprendre les chevreuils, il faut comprendre leur histoire, parfois tragiquement liée à la nôtre. Dans la préhistoire, la chasse est le pilier de la survie et de l'existence des hommes. À l'origine, elle se déroule dans de grandes prairies herbeuses, mais le changement climatique de l'époque et la poussée rapide des arbres modifient la composition du gibier. Cerfs, sangliers, loups et chevreuils profitent de ces bouleversements. La croissance des populations animales s'accélère et les hommes chassent, non seulement pour s'approvisionner en nourriture, en vêtements ou en outillage, mais aussi pour défendre l'agriculture naissante. Cette nouvelle activité influence bien entendu le comportement des animaux et transforme peu à peu la forêt en refuge pour ces animaux traqués. Toutefois, les recherches archéologiques ne trouvent que très peu d'indices de la présence des chevreuils au menu de ces hommes. Peut-être que les chevreuils ne causaient pas suffisamment de dégâts aux cultures pour qu'ils s'y intéressent. Peut-être que l'intelligence de ces animaux, leurs mœurs solitaires et leur capacité à fuir le danger les rendaient d'une certaine façon inaccessibles. On ne sait pas.

Jusqu'au haut Moyen Âge, les rois organisent des chasses censées protéger les récoltes des dégâts causés par les animaux sauvages, les paysans servant alors de rabatteurs. La vénerie du cerf est couramment pratiquée, tandis que celle du chevreuil serait, pour certains historiens, une pure invention du XXe siècle. Ensuite, les rois et les seigneurs transforment la chasse en « sport de loisir » et ne défendent plus les paysans des abroutissements répétés des animaux dans leurs champs. Une ordonnance de 1396 interdit même aux paysans de chasser, même si le gibier cause des dommages à leurs terres. La chasse, dont la mission première était d'éliminer les animaux sauvages, s'éloigne des intérêts du cultivateur pour devenir un plaisir égoïste de tuerie. François Ier, surnommé le Père des veneurs, protège les animaux contre les intérêts agricoles. Une fracture se crée alors entre le roi et le peuple pour le simple plaisir de la chasse.

Si cette passion des rois a l'avantage de préserver nos plus belles forêts, elle en modifie profondément l'aspect. Des chemins sont tracés à l'intérieur pour faciliter la circulation dans les massifs. Des routes en étoile y sont créées, qui vont dans plusieurs directions à partir d'un point central. En 1764, une carte très précise appelée « Chasses du Roi » est éditée pour identifier les innombrables routes qui traversent les massifs forestiers et faciliter l'orientation. C'est à partir de là que la cartographie moderne se développe, jusqu'à devenir ce qu'elle est aujourd'hui. Les forêts prennent une telle importance qu'elles se voient attribuer certains privilèges de protection. De nouveaux boisements voient même le jour. Dans ma région, les nobles normands réglementent et parfois même interdisent l'agriculture dans certains endroits pour que la forêt puisse progresser et la faune s'y développer. La forêt ne sert plus aux hommes pour l'utilisation de son bois ni pour se nourrir mais exclusivement pour le loisir de la chasse.

Parmi les premiers privilèges abolis par la Révolution française dès 1789, on retrouve le droit de chasse. L'ordre social se fracture et avec lui la vie de milliers d'animaux sauvages, dont les chevreuils. Jusque-là, seuls les rois et la noblesse pouvaient chasser et le chevreuil était délaissé, voire complètement ignoré. À partir du XIXe siècle, le chevreuil hérite du statut de petit gibier et ne fait l'objet d'aucune restriction. La chasse se démocratise et en moins d'un siècle il disparaît presque totalement de nos paysages. Le XXe siècle et ses deux grandes guerres s'accompagnent de leur lot de morts parmi la faune sauvage également. Ce n'est qu'à partir de 1979, lorsque est instauré le plan de chasse, que les restrictions de tirs permettent aux chevreuils de souffler un peu. L'espèce se reproduit à nouveau et commence à se stabiliser. Sauf que les reboisements d'après-guerre, ces grandes futaies rectilignes et monotones, le développement de cultures d'hiver, l'agrainage dans les massifs forestiers et toutes les mesures prises à l'époque pour industrialiser la France déstabilisent totalement le biotope des chevreuils. L'industrialisation et la mécanisation du monde rural rendent progressivement la faune sauvage incompatible avec la rentabilité des activités agricoles et sylvicoles. Les chevreuils n'ont pas changé depuis l'arrivée des humains sur la Terre. En revanche, les modifications culturelles de ces derniers siècles, et plus particulièrement de ces dernières décennies, ont modifié la vie des animaux sylvestres.

La forêt était encore, il y a peu, tout aussi nourricière que nos champs. Les hommes du néolithique se nourrissaient essentiellement de glands de chêne. Au Moyen Âge, le gland était un fruit très consommé par le peuple, sous forme de galettes ou de pains. Il servait également à la fabrication d'eau-de-vie ou était utilisé comme succédané de café. C'est l'arrivée de la pomme de terre qui a marqué la fin de la consommation des glands. D'autres fruits tels que les châtaignes, les noisettes, les noix, les cenelles, les prunelles, les poires sauvages, les merises, les sorbiers faisaient partie de l'alimentation populaire. Dans les Alpes, l'arve, résineux qui produit de grosses graines, était utilisé par les paysans qui en faisaient provision pour l'hiver, et le sous-bois de

Disette. L'exploitation forestière raréfiait la nourriture disponible et nous obligeait parfois à aller dans les cultures ou les jardins pour y trouver des racines et des tubercules.

ces massifs était tout aussi riche, sinon plus, que bien des arbres de la forêt. Les fraises, les framboises, les mûres et les airelles étaient largement consommées. Les champignons faisaient la renommée de nos forêts jusqu'à Rome. Les fougères servaient autrefois à bourrer les matelas des lits. Les feuilles de hêtre servaient à bourrer les paillasses très poétiquement appelées « plumes de bois ». Le jonc épars servait à isoler du sol, d'où l'expression « joncher le sol ». La forêt nous fournit depuis la nuit des temps résines, laques, gommes, latex, fruits, bois, etc. Plus encore, ce lien culturel qui nous lie à la forêt nous permet de « réguler », sans que l'on y fasse vraiment attention, la quantité de nourriture disponible dans ladite forêt. Nous participons ainsi, avec l'aide de la prédation naturelle, à la régulation des populations animales. C'est également grâce à ce lien culturel que j'ai pu vivre cette aventure aussi longtemps. Le problème réside dans le fait que l'on est passé de la simple cueillette à un système d'arboriculture intensif et destructeur qui, au mépris de toutes les petites plantes qui faisaient la grandeur et la richesse de nos forêts, a pour seul but le profit.

Aujourd'hui, quand un chevreuil grignote trop souvent le bourgeon terminal d'un jeune plant d'arbre destiné dans un futur plus ou moins proche à être vendu, ce plant « mutilé » aux yeux du forestier et de l'industrie du bois devient inexploitable. Pour que ce parc industriel, encore appelé « forêt », se régénère, on investit dans l'installation de mesures de protection comme des clôtures, par exemple, mais qui sont des procédés coûteux (vingt mille euros pour une dizaine d'hectares). Et ces clôtures, souvent installées sur des clairières ou des parcelles coupées à blanc, génèrent une perte de domaine vital et un manque alimentaire important chez les chevreuils, qui sont alors obligés de se déplacer vers d'autres zones forestières dans lesquelles ils ne s'arrêteront pas de manger, impliquant la pose d'autres clôtures très coûteuses. Il existe aussi des protections individuelles pour les jeunes plants. Elles prennent la forme de manchons en plastique ou de petits grillages et permettent à la faune de circuler librement, mais ces protections coûtent souvent plus cher que le plant lui-même et ne règlent pas le problème alimentaire des chevreuils.

La forêt colonisée par l'Homme moderne ne laisse aucune place aux autres espèces qui en vivent également. Pourtant, il est simple d'apprendre à partager et je dirais même « apprendre à donner pour recevoir ». Si je plante un saule sans attrait lucratif à côté d'un hêtre ou d'un épicéa, c'est le saule qui sera mangé par les chevreuils, car sur le plan gustatif c'est meilleur. Si je laisse les ronciers dans les zones forestières « sans exploitation », je crée un refuge et une protection qui ne donnera pas envie aux chevreuils d'aller voir ce qui se fait de mieux ailleurs. Si je laisse les clairières avec leurs graminées non fauchées, les chevreuils iront moins sur le bord des routes pour les manger, et ainsi de suite. Il ne faut pas considérer la forêt comme un site industriel mais comme un capital qui produit des intérêts que nous pouvons utiliser de façon illimitée. Dans nos « champs d'arbres », les chevreuils ne vont pas s'arrêter de manger pour nos beaux yeux. Ils interagissent avec la forêt. Ils ne l'exploitent pas, ils l'entretiennent, ils s'en nourrissent et n'ont aucun intérêt à gaspiller cette ressource naturelle vitale. Il ne faut pas chercher la densité idéale d'animaux pour que l'industrie du bois soit préservée de tous ces sauvages. L'équilibre cynégétique ne doit pas être géré, il ne l'a jamais été et ne peut pas l'être, car il est instable et varie depuis la nuit des temps. Il dépend du climat, des conditions météorologiques, de l'offre en nourriture, de la prédation et de beaucoup d'autres facteurs. L'industrie moderne de notre siècle instaure des quotas et surproduit en prévision d'une demande qui elle aussi est incertaine. Ce mode de fonctionnement ne peut pas fonctionner sur le milieu forestier ni sur aucun autre milieu naturel. Appliquer une densité limite de vingt chevreuils pour cent hectares n'a pas de sens pour des animaux qui vivent très loin de nos règles mercantiles. Ce n'est pas un indicateur suffisant pour établir un équilibre « naturo-industriel » dans un monde déjà perturbé par les changements climatiques. Les comptages effectués annuellement ne représentent qu'une moyenne évolutive de la population mais en aucun cas un indicateur absolu. L'équilibre ne peut pas exister lorsqu'on force un milieu naturel à se transformer en gisement. C'est à l'industrie du bois de se glisser dans le moule des lois naturelles, sans quoi l'équilibre est rompu. Il faut laisser les taillis dans la forêt, créer des zones de quiétude, faire du recépage, laisser les clairières naturelles, favoriser les semis naturels, réduire la pression exercée par la chasse et admettre que les chevreuils s'autorégulent. Non, l'Homme n'est pas utile dans ce processus, il ne remplace pas les prédateurs et doit rester à sa place.

Si les animaux souffrent de cette industrialisation de la forêt, les promeneurs et, d'une manière générale, tous les autres usagers de la forêt se rendent-ils compte de l'ampleur des dégradations infligées à ce milieu naturel ? Un jour, il sera trop tard pour réagir. Il est temps de prendre nos responsabilités. Inutile d'aller voir à l'autre bout du monde pour filmer des forêts primaires en danger. Les nôtres sont de même importance biologique et elles aussi sont en train de mourir.

Une petite pensée pour la forêt :

Homme,

Je suis la flamme de ton foyer dans la nuit hivernale

Et, au plus fort de l'été, l'ombre fraîche sur ton toit

Je suis le lit de tes sommeils, la charpente de ta maison

La table où poser ton pain, le mât pour ton navire
Je suis le manche de ta houe, la porte de ta cabane

Je suis le bois de ton berceau et celui de ton cercueil

Le matériau de tes œuvres et la parure de ton univers

Écoute ma prière : ne me détruis pas…

24

Clara grandit et Magalie essaye de lui montrer par différents moyens qu'il est temps pour elle d'aller faire sa vie toute seule, ailleurs. Mais Clara ne semble pas vraiment vouloir comprendre. Magalie lui a pourtant préparé un territoire annexe sur lequel elle pourra vivre en sécurité. Rien à faire, la jeune chevrette ne veut pas grandir et préfère rester auprès de maman. Magalie patiente quelques jours encore, mais le temps presse, car elle attend d'autres petits. Et puis voyant que sa fille ne réagit pas, elle finit par la chasser de son territoire comme elle l'a déjà fait avec Fougère l'année dernière. Clara s'installe sur ce territoire annexe où elle continuera de croiser sa mère, qui continue de la protéger.

Quelques semaines plus tard, Magalie met bas au même endroit que pour la naissance de Clara. Je nomme les petits Liberté et Charlie (en hommage à ce jeu où il faut trouver un personnage dans un décor rempli de pièges visuels). Magalie m'a présenté Clara alors qu'elle était quasiment sevrée et c'est

Magalie et Prunelle. Magalie a appris à Prunelle comment reconnaître les plantes. Dans cette parcelle, on trouvait facilement du lamier jaune, très apprécié des chevrettes car riche en éléments nutritifs. Prunelle en aura besoin quand elle aura à son tour des petits.

seulement à ce moment-là que j'ai pu commencer à marcher derrière elle. Cette fois-ci, elle me présente ses petits au bout de deux mois seulement. Je suis flatté. Dans son attitude, c'est comme si elle était fière de me les présenter. Je pense que son estime pour moi grandit, car je ne cherche pas à tout prix à voir les petits, elle apprécie ce comportement qui lui permet de prendre du repos.

L'année s'écoule doucement puis, au printemps suivant, rebelote. Les jeunes chevrillards sont gentiment invités à quitter maman pour aller faire leur vie ailleurs. Liberté étant la petite femelle, elle récupère un autre territoire annexe de Magalie. Clara a eu le droit d'utiliser son territoire pour une deuxième année consécutive. Charlie, lui, n'a pas droit à ce type de faveur, car c'est un mâle. Il doit alors partir à la conquête d'un territoire, ou bien trouver un chevreuil maître, copain ou papa. Il trouve Courage comme tuteur. C'est logique, puisqu'ils ont passé l'hiver ensemble, qu'ils s'entendent comme larrons en foire et que Courage semble amoureux de Magalie.

Quand l'exploitation forestière exerce une forte pression sur le territoire des chevreuils et des chevrettes, la surface des domaines vitaux diminue et les jeunes ne peuvent plus s'installer en dehors du lieu de naissance. Ils s'adaptent à la situation en évitant toute confrontation avec les voisins, maintiennent une relation fusionnelle avec leur maman et finissent par s'installer directement sur son territoire. Ce comportement philopatrique crée des groupes de chevreuils qui s'agrandissent au fil des rencontres avec les frères et sœurs de l'année précédente ou tout parent proche. Il s'ensuit une augmentation des marques d'affection, une diminution de l'agressivité et une réduction de la taille du domaine vital.

Le printemps passe rapidement et l'été qui suit est tout aussi beau. Courage parvient à faire la cour à Magalie, qui accepte volontiers les avances de ce jeune prétendant. Ensemble, ils auront deux faons. Un mâle que j'appelle Espoir et une femelle mignonne à croquer que je nomme Prunelle. Cette année, Magalie n'attend pas. À peine les taches de naissance disparues, elle me présente ses deux beaux faons qui, je le pense, pèsent bien leur kilo et demi chacun. Je prends grand plaisir à les suivre dans leurs balades et un jour je comprends que Magalie, lorsqu'elle est fatiguée, me laisse ses petits à garder ! En général, les chevrettes ne s'éloignent pas de plus de deux cents mètres de leur progéniture. Mais Magalie est une maman bien organisée. Épuisée après la délivrance, elle m'a recruté comme nounou officielle pour sa marmaille et pendant que madame vaque à ses occupations de gagnage en hautes herbes, je me retrouve avec deux petits faons très turbulents. Comme maman n'est pas là, ils n'obéissent que très rarement à mes aboiements. Ils courent dans tous les sens, chahutent. Espoir essaye de faire tomber sa sœur en mettant tout son poids sur elle. Parfois, elle s'écroule, entraînant dans sa chute son frère dans un brouhaha indescriptible.

Heureusement, Magalie est obligée de revenir une dizaine de fois dans la journée pour les allaiter. Elle ne peut pas stocker ses réserves et doit transmettre à Prunelle et Espoir l'énergie vitale ainsi que les nutriments qu'elle puise dans la nature, d'où l'importance de préserver la qualité, la variété et la quantité des ressources alimentaires dans la forêt. Il en va tout simplement de la survie des faons. La pluviométrie est très importante, notamment à la fin du printemps. Et c'est l'eau qui conditionne la qualité et la disponibilité alimentaire. Plus il y a d'eau, plus il y a de nourriture, plus le lait sera riche, plus la santé des jeunes sera bonne. Prunelle et son frère grandissent vite et prennent du poids, environ cent cinquante grammes par jour chacun. Magalie doit donc produire en quantité et tous les jours un lait de qualité pour assurer à ses deux faons trois cents grammes de croissance. Sachant que Magalie ne pèse que vingt-cinq kilos, il s'agit là d'un record exceptionnel. Cela représente l'investissement maternel le plus important qui soit connu aujourd'hui chez les ongulés. Malheureusement, malgré ce dévouement sans faille, les chevrettes qui vivent sur une zone sylvicole exploitée par l'Homme et sur laquelle des coupes à blanc sont régulièrement pratiquées ne peuvent plus fournir la quantité ni la qualité de lait nécessaires à leurs jeunes faons. La nourriture, tels le lamier jaune ou les orties, se raréfie. Il s'ensuit une forte mortalité

Ma préférée. Prunelle, c'est Chévi en fille. Intelligente, curieuse, malicieuse avec un vrai désir d'apprendre du monde qui l'entoure.

des jeunes, sans distinction de sexe, dans les trois premiers mois, et il est triste de constater qu'ensuite les faons ont un chemin de vie similaire. Quand l'un d'eux meurt de cette malnutrition, il s'affaiblit et s'éteint souvent de froid au petit matin, moment où la température est la plus basse. Quelque temps plus tard, il n'est pas rare de constater la mort du second.

Alors que mes deux petits protégés sont repus, Magalie vient me voir, et l'idée me prend de vouloir goûter au lait de chevrette. Je la caresse alors longuement puis essaye de passer sous mon amie tel un mécanicien automobile pour atteindre la double paire de mamelles. Je caresse doucement une tétine en pressant légèrement puis le lait coule doucement. C'est délicieux, pourvu que l'on aime le lait infusé. C'est comme du lait concentré dans lequel on aurait fait infuser des fleurs séchées avec des artichauts. C'est surprenant au goût mais pas si mauvais que ça ! En plus, le lait des chevrettes est bien plus riche en nutriments que le lait de vache ou de chèvre. Toutefois, c'était juste pour découvrir, je préfère le laisser à mes petits faons qui en ont besoin pour grandir et devenir forts.

Prunelle est incroyablement intelligente, c'est Chévi en fille. Je pense que les gènes de Courage y sont pour quelque chose. J'ai distingué plusieurs familles que j'ai nommées les Sipointes, de la famille de Sipointe, Chévi, Courage et Pollen ; les Bordes, de la famille de Mef, Magalie et Laflaque ; les Cobourgs ; les Vaulloines ; et ainsi de suite. Chaque famille est unique. Une sorte de lignée avec des caractéristiques particulières telles que la pousse des bois, les museaux allongés ou non, le poil plus ou moins orangé et un « visage » avec des traits de famille. Le croisement entre familles donne parfois des chevreuils d'une beauté et d'une intelligence surprenantes. Je remarque que la famille des Sipointes possède une génétique très puissante ; il en ressort à chaque fois un caractère semblable à celui de Chévi ou de son père puis, maintenant, à celui de Prunelle. Idem pour les Bordes, qui sont plutôt réservés et pour lesquels, chez les mâles, la pousse des bois se fait en forme de « V », tandis que chez les Sipointes ils ont tendance à pousser droit et près les uns des autres.

Je m'amuse beaucoup avec Prunelle. Elle me considère un peu comme son grand frère humain. Je ne remplace pas son frère jumeau, mais l'estime qu'elle me porte est très grande. Magalie part se reposer au soleil avec son fils et je reste avec Prunelle, qui ne veut pas bouger. Nous laissons la petite famille s'éloigner et continuons à nous reposer au pied d'un arbre. La lumière est belle et les rayons du soleil d'été pénètrent la canopée. Prunelle est couchée à dix centimètres de moi, lovée comme à son habitude, le museau sous son genou. Soudain, dans un craquement terrible venant du ciel, une ombre nous surprend : un busard qui fond sur nous ! Ses serres m'ouvrent littéralement le bras et la jambe ! Je n'en crois pas mes yeux ! Le rapace semble surpris et confus, comme s'il ne s'attendait pas à me voir là. Voyant Prunelle dormir, il s'est laissé tenter par une chasse au faon. Manque de chance pour lui, je suis là et il ne m'avait certainement pas vu. J'ai en quelque sorte sauvé Prunelle d'une fin tragique. Le prédateur s'envole en criant. Prunelle, encore tremblante, part en courant vers sa mère qui n'était pas très loin. J'ai un bras en sang et le bas de la jambe profondément griffé. Magalie nous voit arriver apeurés. Elle court précipitamment vers Prunelle, la lèche, chuchote un peu avec elle, puis Prunelle se calme et moi aussi. J'en profite pour faire couler de l'eau de ma gourde sur mes plaies afin de nettoyer un peu. Magalie s'approche de moi, me renifle et me lèche. Nous retournons à couvert pour terminer cette journée remplie d'émotions.

L'été et l'automne passent sans encombre et, malgré la fatigue, je reste optimiste pour l'hiver qui approche. En réalité, je ne suis pas au bout de mes surprises. Nous approchons du solstice d'hiver. Les nuits sont péniblement longues. Chévi, Fougère et Pollen changent de territoire. Ils quittent la hêtraie pour s'enfoncer dans une pinède près de laquelle une coupe forestière est en cours. Elle leur apportera des feuilles tendres et des bourgeons au printemps suivant. Prunelle et son frère sont encore chevrillards tandis que Pollen est déjà une belle *yearling*. Je fais des allers-retours entre les deux territoires, qui sont relativement éloignés l'un de l'autre. Le froid devient mordant et la météo se dégrade. Pourtant, un soir, une certaine douceur me redonne du baume au cœur. Il pleut légèrement mais rien d'insurmontable par rapport à ce que j'ai connu auparavant. Courage nous rejoint, Magalie, Prunelle, Espoir et moi. Je m'assoupis un peu. Prunelle se couche juste devant moi. Lorsque j'ouvre les yeux, il neige. Il neige très fort et Prunelle est recouverte d'une mince couche de poudre blanche. Pas un bruit ne parcourt l'immensité forestière. Seul un petit tintement de cristal se fait entendre lorsque les flocons touchent le sol. Je me lève pour me débarrasser au plus vite des flocons qui commencent à imbiber mon pull. Toujours couchée, Prunelle se lèche et essaye quelquefois de renifler un flocon qui tombe devant elle. Il ne cesse de neiger toute la nuit. Au petit matin, le froid revient. Le manteau neigeux n'est pas très important pour le moment et il ne nous est pas encore trop difficile de trouver de la nourriture. Une belle journée ensoleillée s'écoule et j'en profite pour me reposer sur quelques rameaux de sapin, en pleine lumière. La nuit arrive et le ciel se couvre de nouveau. Quelques flocons virevoltent dans l'air, le froid s'accentue un peu puis, à la nuit tombée, il neige en abondance. Un vent glacial venant de l'est me refroidit instantanément. La neige se transforme en glace. Au petit matin, la forêt ressemble à une patinoire. Les couches successives de neige et de gel rendent le terrain très pénible à parcourir. Magalie et Prunelle manquent de tomber plusieurs fois et moi aussi. Les feuilles de ronce sont complètement gelées. Les chevrettes grattent le sol pour en débarrasser la neige et les feuilles, se couchent dans le trou qu'elles viennent de creuser et se reposent longuement.

Quand les conditions climatiques deviennent extrêmement rudes, les chevreuils ont la capacité de ralentir leur métabolisme. Prunelle reste donc devant moi, quasi immobile toute la journée, et réduit considérablement son activité. Ce phénomène est expliqué par la capacité des chevreuils à réduire la surface absorbante de leur panse, leur permettant ainsi de subir des événements climatiques importants et prolongés, sans pour autant éprouver le besoin de manger ni de se déplacer, et sans perdre beaucoup de poids. Une sorte de super-pouvoir auquel hélas je n'ai pas accès. Je ressemble plutôt à un flamant rose. Je lève une jambe pour me dégourdir puis l'autre, et ainsi de suite. Et la seule chose que je peux faire, c'est voguer d'un territoire à l'autre pour voir si tout va bien chez tout le monde. Mais cela m'épuise. Je réduis donc moi aussi mon activité, fais un feu pour boire de l'eau chaude et me réchauffer. La seule chose à faire est d'attendre patiemment que ça passe. La faim me gagne, mais il ne faut pas y penser. J'admire la résistance hors norme des petits faons. Ils paraissent tout frêles et fragiles mais ne se plaignent jamais. Un bel exemple à suivre.

La perturbation s'évacue, le vent et la pluie reviennent avec des températures plus clémentes et la vie continue. Cet aléa climatique me fait de nouveau réfléchir à l'issue de mon aventure, tiraillé cette fois entre ce monde sauvage avec les chevreuils que j'aime tant, mais dans lequel je dépéris à petit feu, et la nécessité de revenir chez les humains pour survivre et raconter l'histoire de mes amis.

25

Je suis fatigué. Mes forces me quittent, je le sens au plus profond de mon être. Le froid, la neige et le gel du dernier hiver ont été particulièrement épuisants. Je peine à trouver la nourriture qui me redonnerait la vigueur qui jadis parcourait mon corps. Mon territoire est exsangue. Plus de feuilles, plus de graminées. Tout a été coupé, les merisiers, les lamiers, les orties. La clairière a été transformée en champs de maïs. Je dois faire des kilomètres pour trouver à manger. Pire, de chaque côté de la voie royale, ils ont tout rasé. Avant, il y avait des bouleaux, des merisiers, des frênes, la charmille ; ça faisait un bouclier visuel derrière lequel on pouvait se promener en voyant le chemin sans être vu. Aujourd'hui, le bouclier a disparu, et on peut voir à deux cent cinquante mètres dans la forêt.

Je songe de plus en plus à mettre un terme à cette aventure. Non pas que je veuille abandonner mes amis, je préfère mourir en forêt à leurs côtés qu'ailleurs chez les humains. Je connais quelques endroits où jamais personne ne pourrait retrouver mon corps. Je pense surtout à la souffrance que mes amis endurent tous les jours face à la disparition de leur territoire et je pense qu'il serait bien, pour eux comme pour moi, que je raconte ce que l'on peut vivre quand on est un animal sauvage. Sans aucune prétention, je pourrais devenir, d'une certaine façon, leur porte-parole.

Daguet est âgé et nous passons ce début de matinée d'été à dormir pour nous ressourcer. Quelques heures s'écoulent, le soleil se lève et Daguet souhaite traverser une voie forestière très fréquentée. Son territoire est morcelé cette année, car les jeunes chevreuils des années précédentes ont gagné en puissance et les vieux os de Daguet ne peuvent plus rivaliser. La pousse anarchique de ses bois me fait penser aux doigts des vieillards déformés par l'arthrose. Sa grandeur passée s'estompe et la nouvelle génération le regarde désormais comme une vieille baderne plaintive. Il se lève, fait une petite toilette, grignote quelques feuilles autour de lui puis s'avance prudemment dans le chemin. Il perd un peu de temps sur quelques ronciers qui bordent la trouée. Quelques instants plus tard, des promeneurs matinaux arrivent. Daguet relève la tête, les observe et rentre, cou tendu, dans le sous-bois où nous étions. Les promeneurs passent. Nous restons un long moment debout puis Daguet se recouche pour ruminer.

Après ce moment de repos, il se lève, s'ébroue puis se dirige de nouveau vers le chemin forestier.

Feuilles de hêtre. C'est ici que Chévi est né, mais cet endroit de la forêt n'existe plus aujourd'hui. Il a subi une première coupe qui a fait disparaître bouleaux, charmilles, noisetiers et prunelliers, puis une deuxième les chênes et les autres arbres de valeur, avant de succomber complètement sous une troisième coupe à blanc qui n'a laissé qu'un paysage désolé.

Au moment de traverser, un cycliste descend à toute allure la voie caillouteuse. À nouveau, Daguet se résigne à manger quelques fleurs qui poussent à l'intérieur de la forêt. Le temps passe, il retente sa chance, avance prudemment, mais alors qu'il s'apprête enfin à traverser trois moto-cross passent à toute allure. Cette fois-ci, Daguet bondit à l'intérieur du sous-bois, monte le petit raidillon et regarde s'éloigner les engins. Un pas en avant, trois pas en arrière, le manège se poursuit. À chaque fois que nous souhaitons passer de l'autre côté de ce fichu chemin, un promeneur, une voiture, des groupes de touristes, des sportifs nous surprennent et empêchent ce pauvre Daguet de continuer le marquage de son territoire.

La journée passe, l'activité humaine se fait plus rare. Nous retournons sur la route et le calme semble être revenu. Le soleil est sur le point de se coucher, Daguet s'apaise et en profite pour glaner çà et là quelques feuilles quand j'aperçois au loin une personne promenant son animal. Daguet les voit de loin et rentre de nouveau. Ah, j'en ai assez ! Pour la première fois depuis que j'ai choisi de vivre en immersion totale dans la forêt, je décide d'aller à la rencontre de ce promeneur.

26

– Bonsoir...

– Bonsoir, monsieur.

Le promeneur est une promeneuse. Elle porte un jean, une veste polaire blanche et des lunettes carrées en métal. Je regarde son petit berger des Pyrénées. J'ai peur qu'il sente sur moi l'odeur de Daguet. S'il devient agressif, la situation risque de m'échapper et je ne suis pas certain de savoir comment réagir. Je prends un air affable, enfin ce qui dans mon souvenir se rapproche le plus d'un air affable.

– Je préfère vous prévenir, il y a un gros sanglier qui se balade un peu plus haut. Pour votre sécurité et celle de votre chien, il vaudrait mieux que vous fassiez demi-tour.

– Oh, merci ! vous avez raison. Vous connaissez bien la forêt ?

– Oui, je suis photographe animalier.

Nous discutons des animaux et de la beauté du monde sylvestre en remontant jusqu'à sa voiture, garée sur le parking à l'extérieur de la forêt, en bordure du village. Elle m'informe qu'un projet routier est en cours, que les travaux débuteront bientôt et que la forêt en pâtira. Elle semble attachée à la nature et je ne sais pas pourquoi, je commence à lui parler de mes amis chevreuils.

– C'est passionnant ! Vous savez, vous devriez exposer vos photos pour faire connaître la vie des chevreuils !

Un sentiment étrange m'envahit. Un sentiment que je n'avais jamais ressenti. Cette femme qui aime les animaux et la nature me touche. Elle a l'air de porter un certain intérêt à la défense de mes amis. Nous nous quittons à la nuit tombée. Je retourne auprès de Daguet, qui a enfin réussi à traverser. Je n'oublie pas le visage de cette femme qui revient régulièrement dans mes pensées. Et le souvenir de son odeur ne me quitte plus.

Quelques mois plus tard, j'ai repris contact avec la civilisation et j'organise ma première exposition photo aux Damps, un petit village près de Louviers. Une foule de personnes se presse pour contempler mes photographies mais également pour voir à quoi ressemble l'étrange personnage qui a vécu dix années, non loin de chez eux, entouré d'animaux sauvages, et qui faisait peur aux promeneurs. Lorsque je parle avec les gens, tous mes sens sont en alerte. À leur odeur, je reconnais la crainte, l'agacement, la peur ou la méfiance. C'est très dur pour moi, source d'angoisses telles que je n'en avais plus ressenties depuis des années.

Et puis au détour d'une conversation, à quelques mètres de moi, devant l'un des plus beaux portraits de Chévi, je reconnais la silhouette qui m'avait ému quelques mois plus tôt. Elle me sourit, s'approche.

– C'est vous que j'ai rencontré dans la forêt ?

– Oui, c'est moi. Comment allez-vous ?

Je comprends aussitôt que mon aventure ne sera plus jamais solitaire. Et qu'elle sera la seule à rencontrer mes amis. Le 31 décembre, pour la fête de la forêt, je lui présente Magalie, Prunelle, Espoir et Mef. Désormais, nous sommes au moins deux à connaître le monde extraordinaire des chevreuils.

Épilogue

La forêt fait partie intégrante de l'univers des chevreuils et des hommes. Elle est nourricière et protectrice, et si chacun d'entre nous veille fidèlement sur elle, alors il en sera ainsi pour encore longtemps. La forêt nous protège du froid de l'hiver glacé, atténue la chaleur de l'été brûlant, amoindrit la violence des vents et empêche l'avancée du désert. La forêt est féconde, elle nous apporte nourriture et médicaments. Sans elle, nos paysages ne seraient que désolation et la vie serait réduite au silence le plus complet. C'est elle qui purifie l'atmosphère et nous permet de respirer l'oxygène, indispensable à tous les êtres vivants. Sans la forêt, il n'y a pas de vie animale, alors respectons-la, respectons les animaux qui y vivent et n'oublions pas, par égoïsme, cette dette que nous avons envers elle. Vivre avec les chevreuils, c'est vivre avec la forêt. L'Homme est apparu sur Terre il y a moins d'un million d'années. Au fil de mon aventure, je me suis intéressé à notre petite histoire dans la grande histoire naturelle. Qui n'a jamais croisé le regard d'un chevreuil au détour d'un chemin ? La majorité des observations sont furtives mais, avec l'accroissement de nos villes, les zones périurbaines permettent aujourd'hui à la plupart d'entre nous de croiser régulièrement cet animal merveilleux. Toutefois, croiser n'est pas connaître. Nos activités humaines, en industrialisant la forêt, interfèrent dans la vie des chevreuils jusqu'au plan social. Celui qui s'intéresse à la vie animale est obligé de comprendre ce qu'est une forêt. Alors, devant les difficultés économiques et industrielles de notre ère, j'espère que cette nouvelle approche des chevreuils, fondée sur le partage de la vie, permettra d'ouvrir la porte à une meilleure intégration de l'Homme dans son environnement.

Comme l'a brillamment écrit Ernst Wiechert :

La forêt ne peut donner l'impression d'une demeure tranquille et sûre qu'aussi longtemps qu'y règne, de façon manifeste, la loi des effets et des causes. Elle ne commence à devenir un séjour peuplé de menaces qu'à partir du moment où cette loi perd son pouvoir et où des forces arbitraires semblent régir le monde des arbres.

Pour tous ceux qui aiment découvrir les histoires derrière les livres, nous vous donnons rendez-vous sur www.collectionproche.fr

Retrouvez toute l'actualité de l'auteur sur son site Internet: https://lechevreuil.wixsite.com/geoffroy-delorme
Pour lui écrire: le.chevreuil@yahoo.fr

L'édition originale de ce livre est le fruit du travail de toute une équipe de passionnés aux Éditions Les Arènes, sous l'impulsion de Jean-Baptiste Bourrat.

Pour sa sortie dans la Collection Proche,

Vahram Muratyan a conçu la couverture et imaginé la recette idéale pour un plaisir de lecture parfait : de belles marges blanches, un interlignage finement étudié et un savant mélange de trois fontes (Heldane Text, Tiempos Fine et Galano Grotesque).

À la fabrication, Flora Pajon et Maude Sapin ont travaillé pour obtenir l'objet idéal : un livre souple, un papier léger et bouffant, une carte de couverture qui lui permettra de vieillir sur votre étagère sans prendre une ride.

L'équipe de Soft Office a réalisé la mise en page du texte. Marie Sanson a relu le livre à la virgule près.

Constance Beccaria, Pierre Bottura, Adèle Leproux et Clémentine Malgras ont imaginé la communication et le marketing autour du livre.

Les factures des collaborateurs et les droits d'auteur sont payés rubis sur l'ongle par l'équipe de Christelle Lemonnier.

Les représentants de Rue Jacob diffusion, coordonnés par Élise Lacaze, ainsi que l'équipe d'Interforum, ont sillonné toutes les librairies françaises, suisses et belges.

Ce livre est désormais entre vos mains, prêt à démarrer sa nouvelle vie.

IMPRIM'VERT®

PEFC™
10-31-2541
Certifié PEFC
Ce produit est issu de forêts gérées durablement et de sources contrôlées
www.pefc-france.org

L'ensemble de cet ouvrage a été réalisé
dans le respect des règles environnementales en vigueur.
Il a été imprimé par un imprimeur certifié Imprim'Vert,
sur du Classic Book PEFC pour l'intérieur
et une carte Metsäboard PEFC pour la couverture.

Achevé d'imprimer en France sur les presses
de l'imprimerie Normandie Roto Impression s.a.s.
à Lonrai (Orne) en février 2023.

ISBN : 978-2-493909-31-2
N° d'impression : 2205504
Dépôt légal : Mars 2023